JN205634

基礎科学で未来をつくる

科学的意義と社会的意義

田村 裕和　Hirokazu Tamura
村山　斉　Hitoshi Murayama
櫻井 博儀　Hiroyoshi Sakurai
常田 佐久　Saku Tsuneta
前野 悦輝　Yoshiteru Maeno
岡本 拓司　Takuji Okamoto
中村 幸司　Kohji Nakamura
梶田 隆章　Takaaki Kajita

丸善出版

目次

はじめに

田村裕和

この書籍は、日本学術会議物理学委員会が主催して２０１８年12月17日に開催された公開シンポジウム「基礎科学研究の意義と社会　物理分野から」の内容を書籍化したものです。最近、日本の基礎科学研究に危機感をもっているという声が、よく聞かれるようになりました。２０００年代に入り、日本人のノーベル賞受賞者がたくさん現れましたけれども、ノーベル賞受賞者の方々も、そのような発言をされています。

日本では、１９９０年代初頭から大学改革が始まりました。その影響によって、大学間、そして、研究者間での競争が激しくなっています。その結果、一人ひとりの研究者には、短期的な成果が求められるようになり、長期的な視野をもって、じっくりと取り組む基礎研究が行いにくい環境になってきています。

また、90年代以降の日本の経済状況を反映して、日本の社会では産業を強力に発展させる「イノベーション」の重要性が強調されるようになってきました。イノベーションとは、これまでの産業構造を大きく変えてしまうほどの技術革新という意味合いで使われることが多いのですが、短期間で成果が産業に結びつくような応用研究が重視される風潮となりつつあります。

基礎研究は、すぐに産業などに結びつくものでもありませんし、産業への転用や企業の利益につながるかどうか不明な部分が多分にあります。そのために、基礎研究自体が敬遠されるようになるのではないかという不安感が蔓延しつつあります。日本の基礎科学研究は、社会や国民の皆さんから、これまで多大なサポートを受けてきました。しかし、今後もこのようなサポートが受けられるのか、不透明な状況にあります。

私は、素粒子・原子核物理学の実験的な研究に従事してきました。この分野の研究では、加速器などの大型施設を利用した実験や観測が欠かせません。これらの大型施設を運転するには、たくさんの電力が必要です。そのことはこれまでもわかっていたのですが、私たち研究者は施設のランニングコストについては、それほど深く考えてこなかったように思います。

しかし、2011年3月に東日本大震災が発生したことによって、状況が一変しました。大震災の直後に起こった東京電力福島第一原子力発電所の事故の影響で、大型施設の電気料金が高騰し、運転計画を大幅に見直さざるを得なくなりました。研究者としては、せっかくよい施設があるのに十分に運転ができないことに、たいへんもどかしい思いをもちました。

この過程を通して、私たちはこれまで基礎科学研究を進めるために、たいへんな額のお金を使わせていただいていたことに、改めて気づきました。私たちが使っている研究費は、一人ひとりの国民から税金としていただいた大切なお金です。研究者はもっと前から、この事実を重く受け止めなければいけませんでしたが、必ずしもそうなっていなかったように思います。東日本大震災という危機的な状況がきっかけとなって、なぜ、日本の国民が、基礎科学研究に貴重な税金を支払ってくださっているのかを真剣に考えることとなり、公開シンポジウム「基礎科学研究の意義と社会　物理分野から」の開催へとつながりました。

社会から見て、基礎科学にはどのような意義があるのでしょうか。これは人によってさまざまな意見があるかもしれませんが、代表的なものを挙げると、

1　学術的・文化的な価値
2　社会の活性化
3　人材の育成
4　国際協力
5　真のイノベーションの創出

となります。それでは、一つひとつの項目を見ていきましょう。

まず「1　学術的・文化的な価値」です。基礎科学研究は、人類の知的財産を創り上げてゆく作業です。この営みには、当然、学術的、文化的な価値があります。その重要性には、たくさんの人

が同意してくださると思います。

次は、「2　社会の活性化」です。基礎科学研究が進展し、さまざまな成果が発表されることで、社会の皆さんの知的好奇心が刺激されます。このような刺激を受けることで、新しい事業や取り組みをひらめき、それに挑戦する人が登場するかもしれません。つまり、直接的なつながりがあるかどうかにかかわらず、人類として初めて、未知の世界を解明したり新しいことを成し遂げたりする、という基礎科学研究の成果は、人々を勇気づけ、社会を活性化することになるのではないかと考えています。

「3　人材の育成」について述べます。基礎科学研究に取り組んできた人は、ものごとを基本に戻って深く掘り下げ、長期間にわたりじっくりと考える傾向にあります。つまり、基礎科学研究は、深い洞察力、広い視野、根気強さなどを育むことにつながります。現在、日本や国際社会は、さまざまな課題を抱えています。多くの課題は、複雑で、すぐには解決策が見つからないようにも思えます。複雑な課題を解決する糸口を得るには、基礎科学研究によって培われた深い洞察力と広い視野、そして根気強さをもつ人材が重要になってくるのではないかと思います。

そして、「4　国際協力」についてです。基礎科学の分野には、国境はありません。本当に研究したい、知りたいと思うことに関しては、研究者は国境を越えて協力、連携し、問題を解決しようとします。もちろん、国際協力をする中でも、国や研究グループ同士の競争は存在します。しかし、こうした研究の最終的な目標は、人類にとって共通のものです。今後、基礎科学の国際協力はますます進むことでしょう。基礎科学研究における国際協力の取り組みは、今後、国際平和をどのように実現させるのか、人類共通の課題に国際社会はどう取り組むのか、という観点からも、注目度を増すことでしょう。

最後に、「5　真のイノベーションの創出」について述べます。これまでの人類の歴史を振り返ると、真のイノベーションは、基礎的な研究から生まれています。長期的な視点に立ってみると、基礎研究をないがしろにする社会からは、イノベーションは起こりません。現時点では何の役にも立たないように見える研究成果も、50年後、１００年後に人類社会を支える技術につながるかもしれません。

このような議論を重ねてきた結果、日本学術会議物理学委員会では、基礎科学研究の重要性を社会に向けてアピールしていく必要があると考えるようになりました。さらに、どうしたら国民の皆さんに基礎科学をより一層支持していただけるのか、そのために研究者側は何を心がけるべきか、といったことも検討しようとしています。今回の公開シンポジウム、そして、この書籍もこうした活動の一環として企画、製作されたものです。

基礎科学研究の学術的な意義やおもしろさ、人材育成、国際協力、社会への貢献、イノベーションなどといった観点で、研究者だけでなく、科学史研究やメディアからの視点も取り入れて議論することで、今後の基礎科学の発展に向けた方向性を見いだしていきたいと考えています。

1章 なぜ、基礎学問が必要か

村山 斉

日本は成功している

現在、日本のメディアを見ていると、「日本は落ち目を迎えている」という論調で報道されている印象を受けます。しかし、アメリカで暮らしている私からすれば、日本は大成功している国のように見えます。「日本は成功している」と発言すると、日本の皆さんは「そんなことはない」と口々にいいます。

もちろん、日本は元気がないという意見をもつ人たちにも根拠があります。統計データを見ると、日本は超高齢化によって人口が減少しています。財政赤字は拡大し、GDP（国内総生産）は中国に抜かれて世界第3位に落ちました。しかも、1990年代にバブル経済が終焉して以降、日本経済はあまり成長しておらず、日本経済にとっては「失われた20年」といわれています。この状況は、２０１０年代に入ってもあまり変化しないので、最近では「失われた30年」と表現する人もいます。年齢別の人口構成を見てみると、日本は30代より若い人たちの数が大きく減っています。これでは将来、日本が現在の力を維持していけるのか心配になるのも当然です。

それでは、アメリカはどうなっているのでしょうか。アメリカはたくさんの移民がやってくるので、若い人たちが少ないということはありません。将来を支える生産人口はたくさんいますし、今や世界最大の産油国となりました。国土も広いので、古いものを壊さずに新しいものをつくることもできます。移民の流入は、単に人口が増えるだけではありません。移民は新しい文化ももち込んでくれます。そして、古い文化と新しい文化の狭間で、より新しい文化が生み出されます。そのような形で、アメリカは発展してきました。

アメリカと比べてみると、日本はたしかに不安要素がたくさんあります。この問題をさらに深く考えていくために、日本の資源について調べてみましょう。日本はもともと資源がほとんどない国です。インターネットには、国家のさまざまな統計資料が集められ比較できるNationMaster.comというサイトがあります。このサイトで日本の資源について調べてみると、「無視できるほどの鉱物資源、魚」と書いてあります。「無視できるほどの」という表現は、他の国の記述には、見あたりません。日本はそれくらい資源のない国なのです。

たとえば、油田と聞くと、私たちは、サウジアラビアやイラクといった産油国にあるようなものを想像します。そのような国では、広大な土地にいくつもの油井がつくられ、そこから無数の炎が

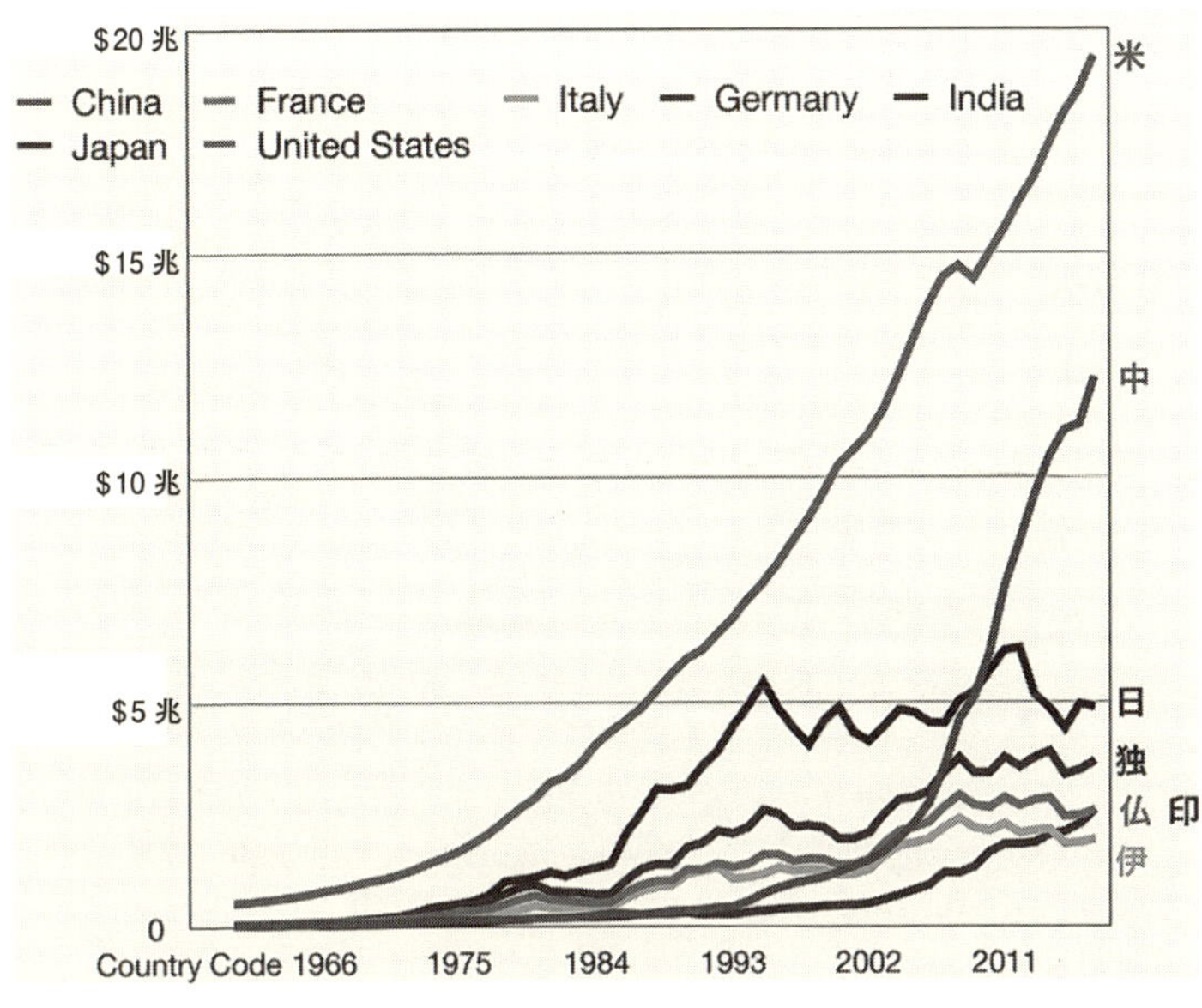

図1 各国の国内総生産の推移。単位は米ドル、インフレーションを2017年に合わせて調整。（https://data.worldbank.org より）

立ち上っています。実は日本にも油田は存在しますが、その規模は他の産油国とは比較にならないほど小さなものです。1日あたりの原油生産量で比較すると、1位はアメリカで、1日あたり約1306万バレルの生産量があります。それに対して日本は1日あたりの生産量が1万バレルほどと、比べようがありません。まさに、無視できるほどの鉱物資源といえます。

アメリカ人と話をすると、「このような国が成功するわけがない」と必ずいわれます。なぜなら、資源がないからです。しかし、歴史を振り返ってみると、日本は世界的に成功した国といえます。たとえば、欧米

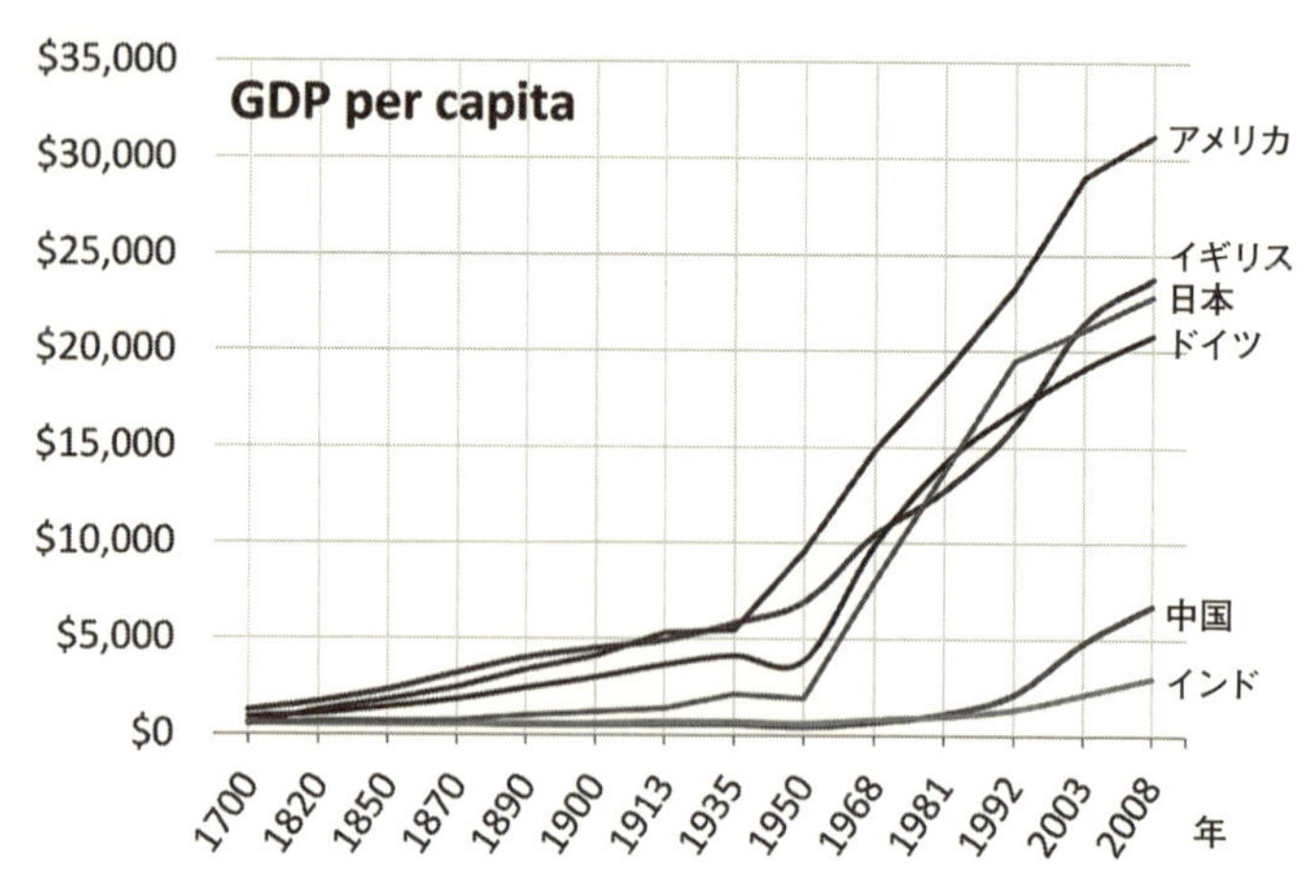

図2　国民一人あたりの国内総生産の推移（インフレーションを補正）
（https://commons.wikimedia.org/wiki/File:1700_AD_through_2008_AD_per_capita_GDP_of_China_Germany_India_Japan_UK_USA_per_Angus_Maddison.png より）

諸国が世界中に植民地を拡大していった帝国主義時代にも、日本は植民地にならず、独立の姿勢を保ちましたし、現在でもGDPは世界第3位の実力を保っています（図1）。

GDPのグラフを見ると、中国の急激な成長が目に入ってきて、日本人としては「抜かれてしまった」と思ってしまいがちです。しかし、このグラフをよく見てみると、日本は1960年代から90年代にかけて急激に成長しています。その後、日本の成長がほぼ横ばいになっているあいだに、他の国が追いついてきたという構図になっています。

たしかに、この20～30年のあいだに、中国のGDPは急激に増えています。ところが国民一人あたりのGDPを計算してみる

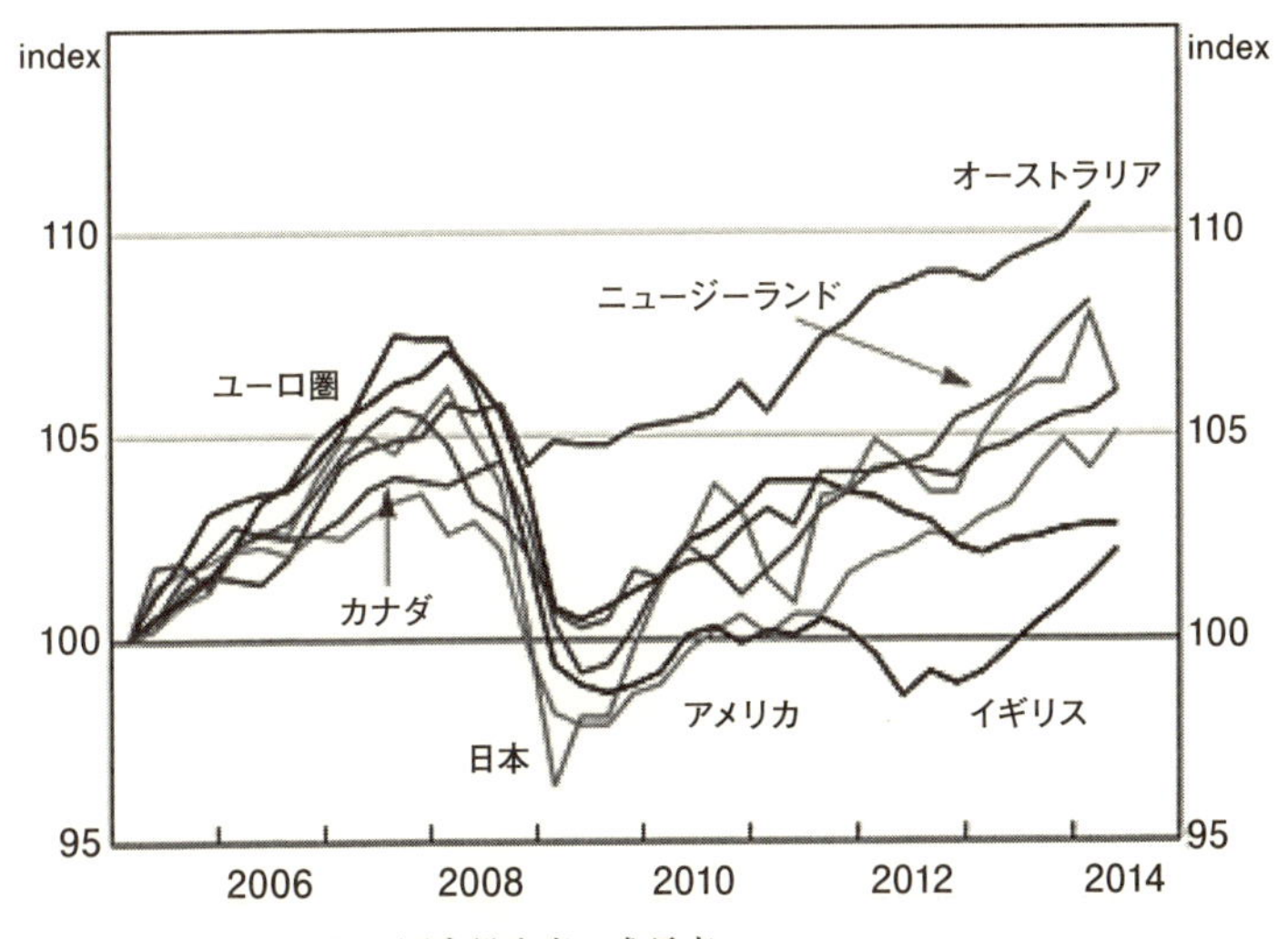

図3　国民一人あたりの国内総生産の成長率
（ABS, Thomson Reuters; Glenn Stevens: The economic scene, https://www.bis.org/review/r140903e.pdf より引用、2014年9月2日の値、2005年3月期を100とした）

と、様子は一変します（図2）。国民一人あたりのＧＤＰは、国の経済的な豊かさを国際的に比較する指標の一つです。この指標で比べてみると、日本は他の先進国と同じくらいの水準となります。先進36か国で構成される経済協力機構（ＯＥＣＤ）の中で比べてみると、日本は17位と、ちょうど真ん中くらいにいて、健全な国といえます。中国は人口が多いので、国全体のＧＤＰはとても多く見えますが、国民一人あたりで計算してみると、まだ低い水準に位置しています。

また、２００５年以降のＧＤＰの成長率を見ても、しっかりと数パーセントの成長をしているので、それほどおかしな国ではありません（図３）。何よりも、日本は世界的に有名な企業をたくさん輩出しています。多くの人は「日本は落ち目だ」といいますが、このように改めてデータを見てみると、本当はとても成功している国であると、私は思います。

なぜ日本は成功したか

では、なぜ、日本は成功することができたのでしょうか。日本が近代国家の道を歩み始めたのは、今から約150年前に起こった明治維新からです。明治維新の前は、封建制の時代が長期間続きました。そして、江戸時代の大半は、鎖国もしていて、国際的なつきあいはあまりありませんでした。そのような国が、封建制と鎖国を解いた直後に、植民地化もされずに、急速に近代化を遂げたのです。しかも、西洋の学問や文化を吸収し、それを理解するだけでなく、しっかりと応用して、現在の日本社会をつくってきました。そのような国は日本だけです。西洋人からすれば、ありえないことです。

日本がこのように発展できた要因には、基礎学問の力があったに違いありません。江戸時代に描かれた絵など見てみると、看板に漢字を交えた文字が大きく書かれています。市井の人たちは、この看板を見て、その店で売っているものがわかったわけです。インターネットを調べる限りでは、江戸時代の日本の識字率は7割あったといいます。これは同じ時期の欧米よりも高い割合です。

この数字は、にわかには信じがたいものがありまして、論文や本を読んでみたところ、そもそも識字率の定義自体、難しいことがわかってきました。おそらく、江戸時代に7割といっている識字率は、「自署率」だと思います。自署率というのは、自分で自分の名前を書くことができるというものです。昔は、村で取り決めなどをするときに、村の住民が署名をしたそうです。そういう記録が現在も残っていて、それぞれの筆跡がすべて違うので、たしかに自分で書いたと思われます。また、この時代は戸籍制度に相当するものはありませんでしたが、庶民の住民台帳にあたるものがお寺で管理されていたので、それらの数字をもとにして、7割という識字率が計算されたのでしょう。つまり、識字率7割という数字は、文章がすらすらと読めるというものではなかったはずです。ただ、当時はヨーロッパでも読み書きができる人は2〜3割程度しかいなかったので、江戸時代の日本の識字率は、ある意味でヨーロッパと同等レベルにあったと思います。

ただし、日本の近代化が成功した要因は、識字率だけにあるのではなく、その下地となる学問の力をもっていたからであると考えられます。イギリスのユニバーシティ・カレッジ・ロンドンには、図4のような碑があります。これは1863年に長州藩から伊藤博文をはじめとした5人（長州五傑：図5）がユニバーシティ・カレッジ・ロンドンに留学したことを記念したものです。実は、この5人は、まだ幕末の時代に鎖国の禁を破り、密航してイギリスに留学していました。留学した5人は、結局、ロンドンで2年ほどしか勉強していないのですが、その後、日本の近代化を中心的に推し進めていきました。刀を差して、ちょんまげを結っていた武士が、いきなりロンドンに行って、2年くらい勉強しただけで、ある程度、学問を身につけて帰ってくるというのは、とても

図4　ユニバーシティ・カレッジ・ロンドンにある記念碑

すごいことで、にわかに信じられないくらいです。

そのようなことができるということは、当時の日本人に素養があったことを表しています。その素養を育んだ要因の一つとして、寺子屋が挙げられます。寺子屋のような制度が、日本のさまざまな場所に存在したということもすごいのですが、もっと驚くべきことは、当時の日本人の数学力です。現代の日本では、西洋数学が発展していますが、江戸時代には日本独自の数学である和算が発達していました。その和算の大家として知られている関孝和は、ゴットフリート・ライプニッツやアイザック・ニュートンと同じ時期に、独立して微積分学や代数学を打ち立てていました。関孝和以外にも、数学好きの日本人は多く、自分で証明した定理を額に記して神社に納めた「算額」がたくさん残っています。このように、日本は数学をはじめとして、学問の素養のある国だったので、近代化をスムーズにできたのではないかと考えています。

その後、第二次世界大戦の悲劇も発生しましたが、再び不死鳥のようによみがえって、現在のように繁栄するまでに至りました。ですから、日本は世界的に見て、とても成功している国です。日本は戦後、急激に経済大国となったこともあり、1985年頃から、アメリカを中心に日本への非難が高まりました。このときいわれたことが「ものまね」です。かつて、日本は海外の技術をまねて、自国で安価に量産することで、他の国々と戦ってきたといわれていました。しかし、それは真実ではありません。私と出会ったアメリカ人は、「日本の企業はすごいものをたくさんつくってきた」と必ずいいます。現在も、すばらしい製品がいくつもつくられ、世界中で売られています。

図5 州藩からユニバーシティ・カレッジ・ロンドンに留学した5人（長州五傑）

日本は頭脳で勝ってきた

このように日本が成功してきた要因は何でしょうか。自分自身の強みを理解しないと、今後の成功をつくり出すことはできません。それを後押しする政策も打ち出せません。

資源のない日本が、世界で存在感を示せるようになったのは、頭脳のおかげだと思います。私たちはあまり意識していないかもしれませんが、基礎学問が日本をつくってきたといっても過言ではないのです。日本の基礎学問のレベルの高さを示すものの一つとして、ノーベル賞受賞者の数があります。ノーベル賞には、医学・生理学賞、物理学賞、化学賞と、自然科学分野の賞が三つあります。特に2000年代に入り、日本発の研究に対し、たくさんの賞が贈られています。これまでアジア発の研究に対して、自然科学分野のノーベル賞が贈られた人は20人います。その中の18人が日本人です（表1）。この18人には、2008年に物理学賞を受賞した南部陽一郎や、同じく2008年に化学賞を受賞した下村脩ら5名は入れていません。彼らは日本人研究者ではありますが、研究は主にアメリカでされたものです。アジア発の研究でノーベル賞を受賞した20人のうち、18人が日本人というのは、日本の基礎学問がそれだけ力強いものであることの現れだと思います。もちろん、これは日本の基礎学問のもつ力の一つの側面にすぎませんが、このような学問の素養があったからこそ、今の日本につながったのだと、私は思っています。

それでは、これから日本はどうすればよいのでしょうか。最近は、基礎学問は無駄ではないかと

表1　日本のノーベル賞受賞者（科学分野）

年度	氏　名	分　野	受賞理由
1949	湯川秀樹	物理学賞	核力の理論研究に基づく中間子の存在の予言
1965	朝永振一郎	物理学賞	量子電気力学の基礎研究
1981	福井謙一	化学賞	化学反応過程の理論
2000	白川英樹	化学賞	導電性ポリマーの発見と開発
2001	野依良治	化学賞	触媒による不斉水素化反応
2002	小柴昌俊	物理学賞	宇宙ニュートリノ検出における先駆的貢献
2002	田中耕一	化学賞	生体高分子の質量分析法のための穏和な脱着イオン化法の開発
2008	小林 誠、益川敏英	物理学賞	クォークの世代数を予言する対称性の破れの起源の発見
2010	鈴木 章	化学賞	有機合成におけるパラジウム触媒を用いたクロスカップリング
2012	山中伸弥	医学・生理学賞	成熟した細胞が初期化され多能化されうることの発見
2014	赤﨑 勇、天野 浩、中村修二	物理学賞	効率的な青色発光ダイオードの発明
2015	梶田隆章	物理学賞	ニュートリノ振動の発見
2015	大村 智	医学・生理学賞	線虫による感染症の新療法の発見
2016	大隅良典	医学・生理学賞	オートファジー（自食作用）の機構の発見
2018	本庶 佑	医学・生理学賞	免疫抑制の阻害によるがん治療法の発見

いう議論が盛んにされています。そのような議論の中では、「基礎学問は、すぐにお金につながらないから役に立たない」という趣旨の意見がたくさん述べられています。また、「大切なのは研究ではなくて、イノベーションである」という話もよく聞きます。

イノベーションという言葉を聞いて、すぐに思い出すのは、アメリカの巨大ＩＴ企業アップルのＣＥＯ（最高経営責任者）だったスティーブ・ジョブズだと思います。アップルは一時、身売りの危機にさらされていましたが、ジョブズはそれを立て直し、iPhoneという大ヒット商品を生み出す企業にまで成長させました。iPhoneは、２０１８年現在、世界中の誰もが知っている製品の一つになっています。

多くの人は、大天才のジョブズが、そのときにあったさまざまな技術をうまく組み合わせて、まったく新しい「iPhone」という製品を生み出し、世界を変えたというイメージをもっていることでしょう。しかし、実際はどうなのでしょうか。ジョブズ本人が語る講演を聴いてみると、どうもそのイメージは間違っているようです。彼は、「テクノロジーを組み合わせることでiPhoneができたわけではない」といいます。

そして、アップルの強みは、「テクノロジーとリベラルアーツの交差点」にあると断言しています。辞書を引くと、リベラルアーツは「職業や専門に直接結びつかない教養」と説明されています。ジョブズ曰く、アップルの力の源は、テクノロジーとリベラルアーツにあるというわけです。また、ジョブズは、別の講演で、「テクノロジーに人間をもってくるのではなく、人間のところにテクノロジーが行く。あくまでも主体は人間で、その人間がどういうものであるかというのは、しっかりと理解しておかないと、よいものができない。アップルはそれをやってきた」と発言しています。この言葉は、アップルの成功の秘訣は、基礎的な教養と学問にあるといっています。

イノベーションと基礎科学

もちろん、イノベーションを生むためには、現行の技術についても知る必要はありますが、大きなイノベーションは基礎科学から生まれているものがほとんどです。最近、よく聞かれる言葉に「破壊的イノベーション」というものがあります。この言葉は、アメリカのハーバード・ビジネス・スクールのクレイトン・クリステンセンが提唱したもので、これまでの業界の勢力図を一変させてしまうほどの画期的なイノベーションを指しています。

改めて振り返ってみると、世界を大きく変えたイノベーションは、そのほとんどが基礎科学から生まれています。たとえば、1895年に発見されたX線。これはドイツの物理学者ヴィルヘルム・レントゲンが、陰極線管で研究をしていたときに見いだされました。陰極線管というのは、蛍光灯のように、内側が真空状態になっているガラス管の両端に電極をつけたもので、真空放電実験を行うための装置です。

レントゲンは、陰極線を黒いボール紙で覆って、中で発生する蛍光が外に漏れないように実験していたところ、机の上に置いてあった蛍光板が光ったことに気がつきました。陰極線で発生する光はボール紙によって遮られていたので、レントゲンは、まだ知られていない放射線が蛍光板を光らせたと考え、その放射線をX線と名づけたのです。その後、X線を詳しく調べたところ、X線は１０００ページの本を透過するが、厚さ１・５ミリメートルの鉛板ではほぼ遮られることや写真乾板を感光させることなどが明らかになりました。

レントゲンは、X線発見の功績によって１９０１年に第1回のノーベル物理学賞が贈られました。現在では、X線によるレントゲン写真は、医療現場にはなくてはならないものですし、連続したレントゲン写真を数十枚組み合わせて3次元の画像を得るX線CT（Computed Tomography：コンピュータ断層撮影）も開発されて、私たちの健康や安全を守るために、使用されています。

１９１１年に発見された超伝導現象も、現代社会を支える技術の一つです。超伝導現象とは、さまざまな物質を極低温状態にまで冷やしていくと、電気抵抗がゼロになるものです。電気を通す導線には、わずかに電気の流れを妨げる抵抗があります。そのため、電線に電気を流すだけでも、電気の一部は熱に変わって、だんだんと減っていきます。しかし、超伝導現象が起こると、電気抵抗がゼロになるので、電線に流しても電気が減ることはありません。

超伝導現象は、オランダ人物理学者のカマリン・オンネスによって発見されたものですが、彼は初めから超伝導現象を発見しようと研究していたわけではありません。19世紀末から20世紀初めにかけて、ヨーロッパでは物質を低温に冷やしていく研究が盛んに行われ、より低温を追究する競争が生まれていました。つまり、「あいつよりも物を冷やしてやる。俺が一番低い温度にできるんだ」

という純粋な好奇心とライバル心で、低温を実現するレースが行われていたのです。

オンネスはこのレースに出遅れていたのですが、工夫を凝らして、１９０８年にヘリウムを液体化して、マイナス２６９℃（絶対温度４・２度）の世界をつくることに成功したのです。発見はこれだけではありません。液体ヘリウムを使い、マイナス２６９℃の世界で、どのようなことが起こるのかを調べるうちに、電気抵抗がゼロになる超伝導現象を発見したのです。

これは、低温物理学の新しい学問の扉を開くという意味で、基礎学問としても大きな発見でしたが、現在、私たちの生活にも役立っています。たとえば、ＭＲＩ（核磁気共鳴画像装置）は、大きな超伝導磁石で強力な磁場をかけることによって、体内にがん細胞があるかどうかや脳の状態などを調べることができます。

現在、建設が進んでいるリニア新幹線では、超伝導電磁石が使われます。電車はスピードを出すと、車輪がガタガタして、乗り心地が悪くなったり、騒音が発生したりします。現在の新幹線は最大で時速３００キロメートルほどの速度が出ますが、それ以上速度を上げるには厳しい状態です。リニア新幹線は、超伝導電磁石の力を使い、車体を浮かせて走行することで、電気をロスすることなく、時速５００キロメートルのスピードを出すことができます。超伝導は、いずれ送電システムにも利用されるようになるでしょう。そうすれば、長距離送電を無駄なくすることができると期待されています。

また、アインシュタインの相対性理論は、現在の物理学の基礎になっているばかりでなく、私たちが日常的に使っている携帯電話の位置情報システムやカー・ナビゲーション・システムにも使用されています。これらのシステムは、GPS（全地球測位システム）によってそれぞれの端末の位置を割り出します。でも、距離を直接測っているわけではありません。それぞれの端末が、複数の人工衛星と通信する時間を計ることで、その位置を計算しているのです。このとき、人工衛星のスピードと位置を考慮しないと正確な時間を計ることができないのです。

なぜなら、人工衛星は秒速8キロメートルほどのスピードで地球の上空を回っています。しかも、地球から離れれば離れるほど、重力も小さくなります。相対性理論では、スピードが速いものは時間の進み方がゆっくりになりますし、重力が小さくなると、今度は逆に時間の進みが速くなります。ですから、スピードと重力の両方の効果をしっかりと計算して、人工衛星の時間の進み方を補正しないと、それぞれの端末の正確な位置を割り出すことはできないのです。今、私たちがGPSによって自分のいる場所を正確に知ることができるのも、アインシュタインが光の進み方や重力について、しっかりと理解して、相対性理論をつくってくれたおかげなのです。

それから、現代社会には欠かせない存在となっているインターネットも、基礎学問から生まれた技術によって支えられています。私たちがインターネットを便利に利用できるのは、表示されたページの中で、所定の場所をクリックすることで、別のページに飛ぶしくみがあるからです。このしくみをつくったのは、ヨーロッパにあるCERN（欧州合同原子核研究機構）という素粒子物理学の研究所です。ここでは、世界中からやってくる研究者に必要な情報を共有するために、ワールド・ワイド・ウェブというしくみがつくられました。

そして、ワールド・ワイド・ウェブの情報をインターネット上でやり取りするための通信方法としてＨＴＴＰが設計され、ＨＴＭＬというプログラム言語がつくられたことで、私たちはインターネットでさまざまな情報を発信したり、閲覧したりすることができるわけです。現在、インターネットを利用したさまざまなビジネスが生まれていて、グーグル、アマゾン、楽天など、大きく成長した企業も出てきました。しかし、元をたどっていくと、その根本には素粒子物理学のニーズから生まれた技術が役立っているわけです。

その他にも、基礎学問から生まれて、社会で活用されている技術はたくさんあります。素粒子物理学分野で活用されている「加速器」という実験装置は、現在、がんの診断や治療、非破壊検査などに利用されています。さらに、宇宙から地球にやってくる宇宙線を利用して、火山の噴火予測に役立てたり、原発事故を起こした原子炉の中を調べたりする研究も実施されました。相対性理論と並んで、現代物理学のもう一つの柱となっている量子力学は、エレクトロニクスの基礎となっています。量子力学によってとても小さな電子や原子の世界で起こることがよくわかってきたことで、とても小さな半導体素子がつくられ、今やコンピュータは手のひらに載るスマートフォンのようなサイズにまで小さくできるようになったのです。

このように、振り返ってみると、長い時間をかけて基礎学問の中で研究、発見された技術が、世界を大きく変えてきたことがよくわかります。その極めつけが、素因数分解です。素因数分解がいつ頃から発見されていたのかは定かではありませんが、書物としては紀元前300年頃にギリシャの数学者ユークリッドの記した『原論』に素因数分解につながるものが出てきます。

小学校の頃に習った最大公約数を求める問題は、素因数分解をすることで解くことができます。たとえば、84と30の最大公約数を求める場合は、まず、それぞれの数字を素数に分けていきます。すると、84は2×2×3×7、30は2×3×5となり、最大公約数は6となることがわかります。

学校で勉強しているときは、「素因数分解なんて、何の役に立つんだ」と思ったりもしますが、実は、この素因数分解がないと、インターネットの通信ができなくなります。小さな数を素因数分解することは、人間の手でもすぐにできますが、大きな桁の数を素因数分解するのは、コンピュータでも時間のかかる作業です。それをうまく利用することで、現在、インターネットでは素因数分解を利用した暗号が使用されています。この暗号があるおかげで、インターネットのウェブサイトにクレジットカードの番号を入力しても安全が保たれているのです。

宇宙を研究することが「役に立つ」？

今、私は、宇宙の始まりや終わりに関係する研究に取り組んでいますが、それも社会には役に立たないものです。宇宙に関する研究についていえば、1998年にとても大きな発見がありました。宇宙は誕生直後から、今日までずっと膨張を続けています。その膨張速度を観測してきた研究者が、宇宙の膨張速度は70億年前あたりでさらに加速していたことを発見しました。その功績によって、私のバークレーの同僚ソール・パールムッターと、ブライアン・シュミット、アダム・リースの3人は、2011年にノーベル物理学賞を受賞しました。

宇宙の加速膨張の発見は、とても驚くべきことでしたが、この発見によって、たくさんの謎も生まれました。たとえば、加速膨張を始めた宇宙はこれからどうなるのでしょうか。そもそも、なぜ、宇宙の膨張速度は加速したのでしょうか。これらの疑問には、まだ誰も答えられません。

現在の標準的な宇宙論では、誕生したばかりの宇宙は、原子よりも小さかったと考えられています。そして、誕生して1秒も満たないあいだに、インフレーション、ビッグバンが相次いで発生し、宇宙は膨張し続けてきたのです。ビッグバンは巨大な爆発のような現象で、宇宙が四方八方に広がることで、現在のようにどこまで広がっているのかわからないほど大きくなりました。同時に、この宇宙にはビッグバンによってたくさんの物質が誕生していました。物質にはお互いに引き合う力である重力が働きます。つまり、ビッグバンの影響によって膨張し続けている宇宙も、重力の影響を受けて、減速するはずです。ある時点から膨張が終わり、収縮に転ずる可能性もあると考えられていたのです。

ところが、宇宙の膨張は減速すると思われていたのに、なぜか加速していたのです。つまり、膨張を後押ししている何かがあるはずです。今のところ、それが何かは誰もわかっていません。わかっていませんが、何かがあるはずです。そのため、加速膨張を推進するエネルギーを仮に「暗黒エネルギー」とよんでいます。

謎のベールに包まれている暗黒エネルギーの正体を探るための数少ない手がかりの一つが、膨張速度の加速です。膨張速度がどのように加速しているのかが、もっと詳しくわかってくれれば、将来、宇宙膨張が再び減速に転じ、穏やかな宇宙に戻るのか、それともこのままずっと加速し続けて、宇宙がビリビリに引き裂かれてしまう「ビッグリップ」という現象が起こるのかといったことがわかります。

これは、今、私が取り組んでいる研究テーマの一つです。宇宙の膨張速度は、この宇宙に存在するたくさんの銀河を観測することでわかってきます。宇宙は、誕生以来どんどん膨張をしています。光はこの宇宙で一番速いものですが、光自身も有限の速度をもっているので、地球に伝わるまで一定の時間がかかります。たとえば、私たちが毎日見ている太陽の光は、8分19秒前に発せられたものなので、厳密にいえば、私たちは、いつも8分19秒前の太陽の光を見ているわけです。つまり、遠くにある銀河を観測することは、過去の宇宙を観測することにもなります。

この宇宙に存在する銀河をたくさん観測することで、銀河の性質や運動状態を知ることができ、宇宙の膨張速度の変化を精密に計算することができます。現在、宇宙の膨張速度はどんどん速くなっていますので、遠くの銀河はやがて、私たちのいる天の川銀河（銀河系）から遠く離れてしまい、いずれ観測できなくなります。つまり、宇宙の始まりや運命についての研究ができるのは、今だけです。私は、常々「そうなる前に研究予算をつけてください」といい続けてきました。

この訴えが功を奏したのかどうかは定かではありませんが、内閣府の最先端研究開発支援プログラム（ＦＩＲＳＴ）の課題の一つとして、「宇宙の起源と未来を解き明かす――超広視野イメージングと分光によるダークマター・ダークエネルギーの正体の究明」を採択していただきました。その結果、SuMIRe（Subaru Measurement of Images and Redshifts：すみれ）プロジェクトという国際的な研究プロジェクトが発足しました。このプロジェクトでは、ハワイのマウナケア山頂に設置されている日本のすばる望遠鏡にハイパー・シュプリーム・カム（ＨＳＣ：超広視野主焦点カメラ）という新しい装置をつくり、宇宙の始まりや未来を知るために、観測を続けています。宇宙の運命に迫っていきたいと考えています。

このような研究は、社会の役に立たないように見えます。しかし、SuMIRe プロジェクトには、大学の研究者だけではなく、企業の人たちがたくさん関わっています。世界の最先端の研究をするには、今まで誰も考えたこともない装置をつくる必要があります。これは大学の研究者だけでは実現できないので、さまざまな企業の技術者に協力を求めるわけですが、その開発に関わることで、企業も新しい技術を手にすることになるのです。その一例として、すばる望遠鏡に取りつけるＨＳＣで説明しましょう。

ＨＳＣは長さ3メートル、重さ3トンもある巨大なデジタルカメラです。この巨大なカメラを、すばる望遠鏡の主鏡の16メートル上の「主焦点」に設置できるようにしなければいけませんでした。それならもっと軽くつくればよいのではないかと思う人もいるでしょう。私たちもできるだけ軽くしようとしました。その結果、やっと3トンの重さになったという感じです。少しでも軽くするために、カメラの入れものを陶器でつくるというような工夫をしています。

すばる望遠鏡は、標高4200メートル付近にあり、冷たい風にさらされますので、温度変化に強くなければいけません。そのため、京セラが温度変化によって膨張したり、収縮したりしないような特別なセラミックスを開発しました。この技術は、今後、人工衛星の機体などに利用できるでしょう。

また、HSCは、100億光年も離れた場所からやってくるごく微量の光もとらえる必要があります。そのために、浜松ホトニクスに新しいCCD素子を開発してもらいました。このCCD素子は、これまでの素子と比べ、近赤外線まで量子効率が高いという特性をもっています。実は、この素子は、X線の領域の光も効率よくとらえることができるといわれていて、医療への転用を期待されています。X線による画像診断は、現在の医療には必要不可欠なものですが、患者はX線の被ばくによって体に負担がかかります。そこで、非常にわずかな量のX線でも反応するデバイスがあれば、人体に影響の少ないX線CTの装置などができるようになるという期待が生まれます。

宇宙から地球にやってくる光が8・2メートルの巨大な鏡でとらえられた後、主焦点に集められます。このときに、カメラの中心部であるCCDに集まる光は、そのままではゆがんでいます。HSCには、そのゆがみを補正するために5枚の大きなレンズが使われています。一番大きな第1レンズは有効口径820ミリメートルもあります。しかも、それぞれのレンズの片面は、非球面といい、平面でも球面でもない不思議な形の鏡面をもっています。このような巨大な非球面レンズを光学メーカーのキヤノンが精密加工によってつくってきました。このレンズをつくる技術が、半導体の露光装置に使えるそうです。

そして、ＨＳＣで精細な画像を撮影するためには、すばる望遠鏡を精密に制御しなければいけません。その制御を担当しているのが三菱電機です。地球は自転をしているので、遠くの銀河の画像をとらえるためには、何時間も露光しながら追いかける必要があります。すばる望遠鏡の主鏡は口径８・２メートルの巨大な一枚鏡です。この鏡の厚みは20センチメートルしかありません。つまり、とても大きくて、ぺらぺらな鏡なので、少し傾けただけで、鏡自身の重さによって鏡の形がゆがんでしまいます。それを防ぐために鏡の裏面には２６１本のアクチュエータが取りつけられていて、どのような方向に向けても、常に理想的な形を保つように鏡を支えています。鏡の誤差は１００ナノメートル（１万分の１ミリメートル）以下と、とても小さくなっています。望遠鏡の解像度は、東京から富士山頂に置いてあるピンポン球が見えるくらいの高さで、ピンポン球がコロコロと動いても、それを追いかけてぶれずに画像を撮ることができるのです。この制御技術は、将来、人工衛星の運用などに応用できるといいます。

このように、宇宙の研究という、直接的には社会に役立たないように見える研究でも、関わった企業の人たちに話を聞いてみると、これまで存在しない新しい装置をつくるために新しい技術が生み出され、それが別の場所でたくさんの人たちの役に立つようになるのです。現在、SuMIRe プロジェクトでは、超広視野分光器（ＰＦＳ）を製作しています。ＰＦＳは、すばる望遠鏡の主焦点に約２４００本の光ファイバーを配置し、それぞれの光ファイバーで一つひとつの銀河や星をとらえ、それぞれの天体から発せられる光のスペクトルデータを一気に取得するという装置です。この装置では、それぞれの光ファイバーにロボットが備えつけられ、一つひとつの天体に向けて位置を合わせていきます。このロボットは、カリフォルニア工科大学（カルテク）とアメリカ航空宇宙局（ＮＡＳＡ）が共同開発していて、２４００本の光ファイバーを目標の天体へ向けて、10マイクロメートルの精度で1分以内に位置合わせできるようになっています。このようなロボット技術も、将来、私たちの生活の中で利用されるかもしれません。

ここで宇宙科学研究に使われていた技術が、他の分野に応用された例をもう一つ紹介します。２０１８年2月にカブリＩＰＭＵに移ってきた高橋忠幸は、硬Ｘ線や軟ガンマ線を使って、遠くの宇宙にある活動銀河核のジェットや超新星残骸からやってくる光を観測し、天文学の研究をしています。実は、このときに使用していたＸ線やガンマ線を観測するためのデバイスが、がんの診断にも利用できることがわかってきました。

たとえば、ガンマ線などの放射線を放出する原子核をがん細胞に送ると、その原子核から放出されるガンマ線を測定することで、がん細胞だけでなく、がん幹細胞の位置も特定することができます。これと同じような技術として、ＰＥＴ（陽電子放射断層撮影）というものがあります。ＰＥＴは、電子の反物質である陽電子を使ってがん細胞の位置を特定しようというものです。陽電子は、最初は高いエネルギーで放出され、体内でランダムに運動してエネルギーを失った後、物質である電子と出会うことで、消滅してガンマ線を放出するので、がん細胞の位置とガンマ線が放出される位置が少しずれてしまいます。

しかし、ガンマ線を直接放射する原子核をマーカーにすれば、ガンマ線を放射する場所とがん細胞の位置がずれることはありません。高橋のデバイスを使えば、ガンマ線の放射源を１００マイクロメートルの精度で測定できるそうです。この１００マイクロメートルという大きさは、がん幹細胞の大きさとほぼ同じくらいです。ということは、この技術が実用化されれば、がん幹細胞の数を数えることができ、抗がん剤の効果を判定したり、手術後にがん幹細胞をしっかりと取り除くことができたかどうかを確認したりすることが可能となります。

さらに、抗がん剤をがん細胞だけに選択的に届ける「ドラッグ・デリバリー・システム」の研究にも利用できます。マウスでの実験では、ガンマ線のマーカーによって甲状腺にあるがん細胞を可視化することに成功しています。生きたマウスで、切開せずに、がん細胞がある場所を特定することで、患者の負担が減りますし、より効果的な治療ができるようになると期待しています。

日本は基礎学問に投資すべきか

このように、基礎学問はさまざまな形で社会の役に立っています。社会を大きく変えるようなブレイクスルーも、元をたどれば基礎学問にたどりつきます。特に科学分野では、最先端の学問を進めるには、世界中で誰もやっていないような極限的な技術が必要になります。その要求を乗り越え

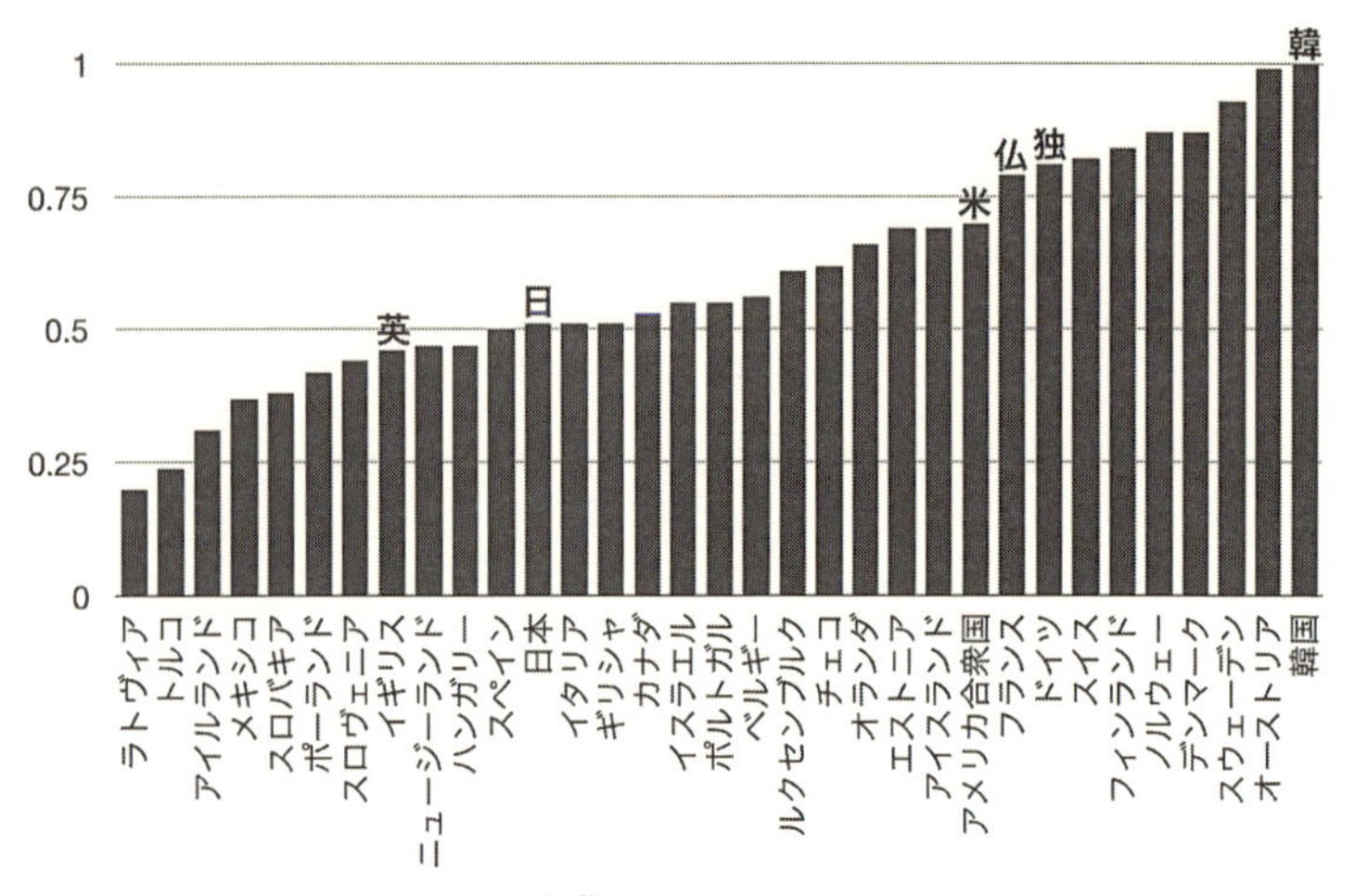

図６　政府資金による研究開発出費の GDP 比
（OECD 調べ、Main Science and Technology Indicators, https://doi.org/10.1787/data-00182-en 内の Government-financed Gross Expenditure on Research and Development as a percent of GDP）

るように技術開発を進めることで、非連続的な技術の発展に結びつきます。このような研究は、世界中の人たちと一緒に取り組むことになるので、人材のグローバル化も進みます。基礎学問の力を培うことは、明治維新のときのように、時代の変化に対応するための考える力を育てることができます。つまり、基礎学問は、日本の未来をつくる力につながっていくのです。

ここまで考えてきたところで、日本は本当に基礎学問に投資するべきかという問題を考えていきたいと思います。ＯＥＣＤは、加盟国が研究開発費用を支出する割合をデータで示しています（図６）。このグラフを見ると、ＧＤＰ比で最も研究開発費を支出しているのは韓国です。

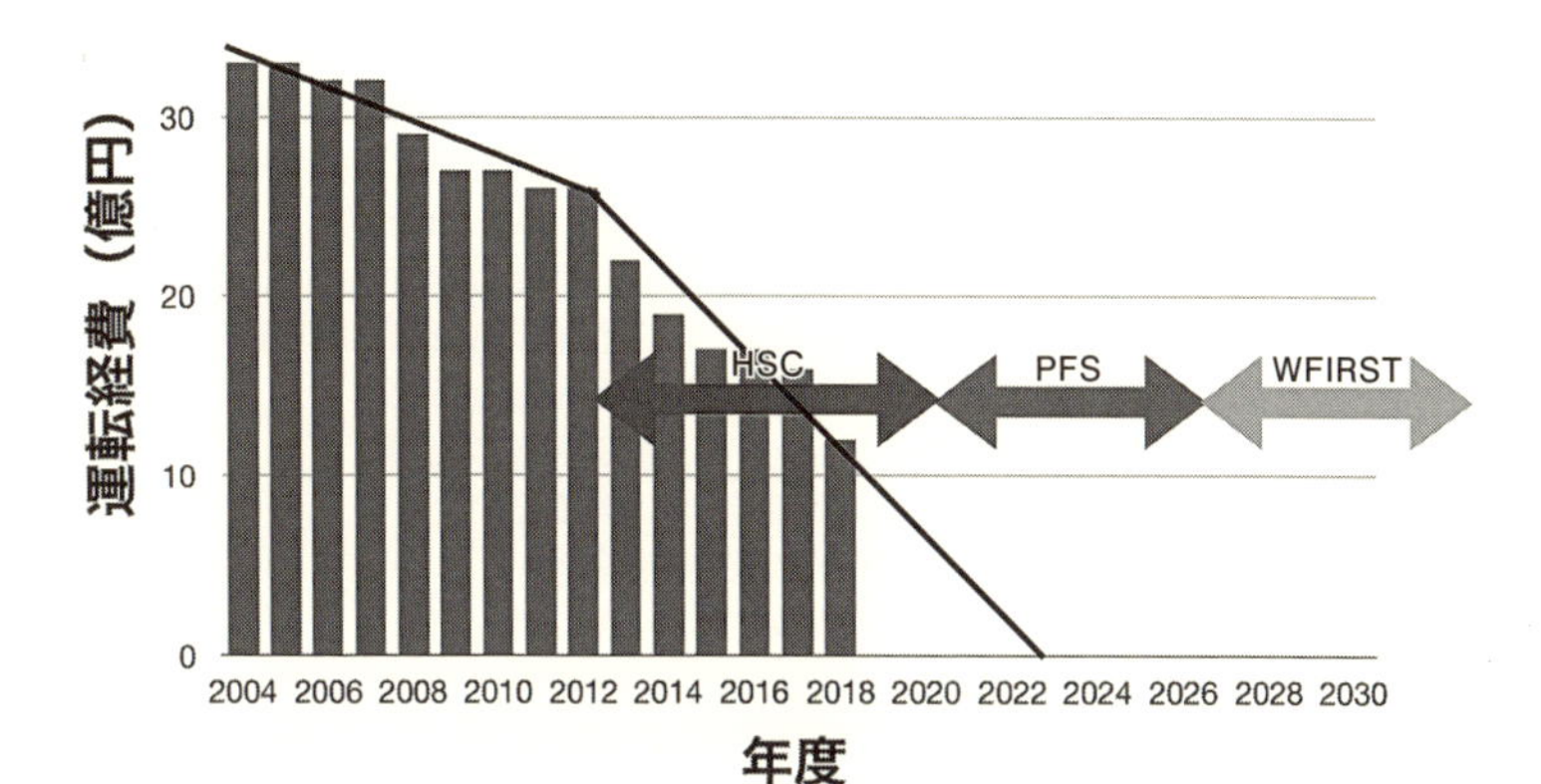

図７　すばる望遠鏡の予算

日本はあまり研究開発に投資していないことがわかります。

近年、日本が研究開発費を減らしていることは、すばる望遠鏡の予算にも現れています。すばる望遠鏡の運転経費は２００４年以降、減少の一途をたどっています（図７）。すばる望遠鏡は、これからも大型の研究計画が実施される予定で、宇宙の運命を知るためには、欠かせない装置です。しかし、これでは、宇宙の運命がわかる前に、すばる望遠鏡の運命が決まってしまいます。日本には、すばる望遠鏡以外にも、二度のノーベル賞受賞に貢献したスーパーカミオカンデ、茨城県つくば市で標準理論を超えた物理現象を探そうとしているスーパーＫＥＫＢ（SuperKEKB）加速器とベル２（Belle2）測定器など、世界トップレベルの研究施設がたくさんあります。

せっかく、世界トップレベルの施設をつくって

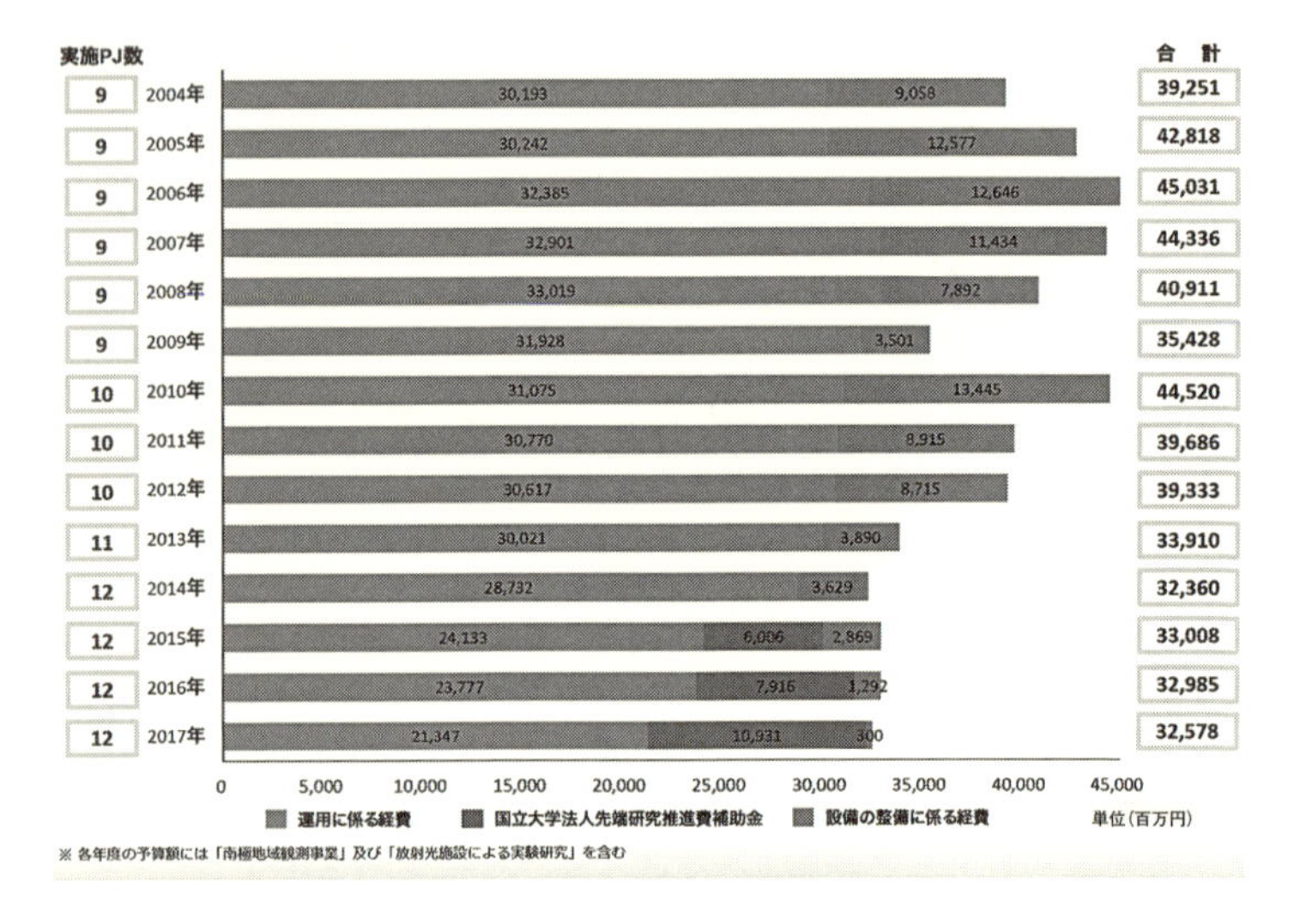

図 8　学術研究の大型プロジェクトの予算額の推移
（科学技術・学術審議会　学術分科会　研究環境基盤部会学術研究の大型プロジェクトに関する作業部会（第 62 回）資料 2-2 より：http://www.mext.go.jp/b_menu/shingi/gijyutu/gijyutu4/021/siryo/_icsFiles/afieldfile/2017/04/12/1384313_004.pdf）

も、運転経費がなくては、施設を動かすことすらできません。世界トップレベルの研究施設があるからこそ、「そこで研究をしたい」と世界中からたくさんの研究者が集まってきます。そのような環境が、日本から失われつつあるのです。日本では、大型実験施設をサポートする予算は「大規模学術フロンティア」とよばれています。この予算額は図8に示すように推移しています。2000年代半ばくらいまでは、「運営に係る経費（運営費交付金）」が一定に交付されていて、財源が安定していました。それに加えて、必要に応じて「設備の整備に係る経費」が交付され、そのときどきで新しい装置をつくって、既存の設備を運営してきました。
しかし、2013年頃から、新しいものをつくるための「設備の整備に係る経費」が減ってきて、現在は、ほとんどなくなっています。しかも、安定財源だった運営費交付金が、徐々に補助金へと変わってきました。補助金というのは、「いつなくなるかわからない」という性質のお金です。現在、研究開発費として安定していた運営費交付金と「設備の整備に係る経費」を足した予算額は、ピーク時の約半分にまで減っている状況です。日本は、今のところ、このような選択をしています。

ここで多くの人は「たしかに基礎学問は大切かもしれないけれど、別になにも日本でやらなくてもよいのではないか」と思うことでしょう。そもそも基礎学問は人類共通のものなので、自前で投資しなくても、どこかの国で大発見があったら、それを取り入れれば、効率的だと感じる人もいるはずです。私は、最近、スウェーデンのノーベル委員会によばれて話をする機会があり、そのときに、王立科学アカデミー総裁に、基礎科学に多額の投資することを、国民にどのように説明しているのか聞いてみました。すると、彼は「国が基礎科学に投資していないと、他の国で大きな進歩が起きたときに、それがどのように重要なものかを理解できる人がいない。仮にそういう人がいたとしても、その発見を発展させたり、実用化に結びつけたりできる人はいない。そうすると、その国は完全に乗り遅れることになる」と答えました。実際、スウェーデンはGDP比にして世界で3番目に研究開発費に投資しています。

ここで、今、日本がどのくらい研究開発費を使っているのか考えてみましょう。日本の国家予算を年収６００万円の家庭におき換えてみると、毎月２５００円を将来への投資として支出するイメージです。私個人の意見としては、この額は倍にしてもよいのではないかと勝手に思っています。もちろん、このような状況に陥ってしまった理由の一つには、日本が大きな財政赤字を抱えているという問題があります。たしかに、財政赤字は何とかしなければいけない非常に重要な問題です。しかし、だからといって、日本が将来に対する投資をしなくなっているというのは、危機的な状況でもあります。

基礎学問の大きな役割の一つに人材の育成があります。基礎学問を推進することで、多様な人材が輩出され、グローバルな社会が生まれます。私は、高校生や中学生に向けて、宇宙物理学の講演をする機会がたびたびあります。彼らは、最先端の宇宙物理学研究の話にとても熱心に耳を傾けてくれます。宇宙の話を聞いたすべての学生が、将来、宇宙の研究をするわけではありませんし、私の話を役に立つと思って聞いているわけではないでしょう。それでも、多くの人たちにとって、宇宙研究の話はおもしろいと感じる要素をたくさん含んでいると思います。このように、「おもしろい」「不思議だな」という気持ちをもつことがとても大切です。

人間と他の動物の一番の違いは、好奇心をもつことだと思います。人間は、「不思議だな」という好奇心をもったからこそ、自然法則を解き明かし、自然をコントロールできるまでになりました。基礎学問の大きな役割は、多くの人たち、特に若い世代の人たちの好奇心を刺激することだと考えています。若い世代の人たちが好奇心をもてば、「もう少し勉強してみよう」「理科離れだといわれているけど、科学分野を学んでみよう」などと思う人が増えるでしょう。そして、たくさんのことを学んだ若い力が将来の日本をつくっていきます。

先日、私の講演で、なんと小学生がアインシュタイン方程式を自分で手書きしてもってきてくれました。物理学にこれほど熱心に興味をもつ小学生がいるのです。この事実が、日本の将来を示していると思います。直接的、間接的を問わず、次世代の人たちに刺激を与え、人材を育成するという観点からも、基礎学問の発展は大切だと思います。

さらに、基礎学問は世界平和にも結びついています。過去、二度の世界大戦で主戦場となったヨーロッパでは、戦後、たくさんの国を結びつけるために、ＣＥＲＮという基礎科学の研究所がつくられました。現在、ＣＥＲＮはヨーロッパだけでなく、世界の国々を結びつけています。また、ヨルダンでは、最近、新しい放射光施設がつくられました。実は、この施設はイスラエル、パレスチナ、イラン、エジプト、トルコ、ヨルダン、キプロスが協力してつくったものです。これらの国や地域は、紛争状態の当事者同士でもあります。基礎学問は、そのような国や地域の人たちでも、一緒になって進めることのできるものなのです。

現代は、インターネット技術が発展したおかげで、大学の講義を世界中の人たちが受講できるようになりました。私の講義も、インターネットを通して、これまで世界中から10万人以上が受講しています。すると、私の講義を受けた人たちのフォーラムがインターネット上に立ち上がり、受講者同士が議論を交わすようになります。その中で、イランの女性とアメリカの男性が、宗教と科学の関係について、熱心に議論していました。そのように、国という枠を超えて、一人ひとりの人間として、議論したり、つながったりする環境が自然発生的に生まれてきます。

日本も基礎学問を通して、世界平和に貢献する施設をつくることは十分にできるはずです。これまでの日本の歴史を振り返ってみると、日本は基礎学問によって救われたといえます。そして、これから日本の未来をつくるためにも、基礎学問の発展は、とても重要な要素となるのです。

Q&A

質問　イノベーションは、「技術革新」と訳されることが多いですが、私は社会問題を解決するような社会革新的な要素が強い言葉だと思います。基礎科学も十分にイノベーションに関与することができると考えていますが、いかがでしょうか。

村山　まったくその通りだと思います。スティーブ・ジョブズもいっているように、リベラルアーツは、芸術、哲学、社会学、政治など、すべての学問を含んでいます。つまり、テクノロジー（技術）との接点は、いわゆる工学的な部分だけではなく、すべての学問にあると考えています。正直いって、彼がそこまで考えていたのかはわかりませんが、「イノベーションは、テクノロジーとリベラルアーツの交差点にある」という彼の言葉は、イノベーションは、工学だけでなく、すべての学問の関わりによって起こることを端的に表現していると思います。

質問　今回は、基礎科学の価値について、イノベーションにつながることを中心としたお話でしたが、これは応用の価値観で見たときの基礎科学の価値だと思います。基礎科学は、それ自体、大きな価値があると思いますが、村山さんが基礎科学の重要性を理解していない人に、純粋に基礎科学だけの魅力を伝えるとすれば、どのように伝えますか。

村山　基礎科学は、もともと純粋に、好奇心と自由な発想によって発展してきた学問だと思います。好奇心は人間の根本的な性質です。好奇心を育て、それを追究してきたからこそ、私たちは人間として発展してきました。だからこそ、私たちは、社会の役には立たないけれど、「宇宙はこれからどうなるのか」ということを真剣に考えているわけです。この営みは人間の本質そのもので、この営み自体が、人間の心を豊かにしていくものであり、人間の一番大切な部分であると、私は思っています。

質問　科学にもっと投資しようといわれても、国の財政を考えると難しい面もあると思います。そのあたりはどのようにお考えでしょうか。

村山　国の財政については、これまでの流れもあります。それをドラスティックに変えるためには、とても大きな意思が必要です。大きな意思をもつためには、国民のあいだに、基礎科学をどのように推進するのか、しないのかという議論が盛り上がる必要があると思います。しかし、現在、そのような盛り上がりはありませんし、そもそも、国民の大多数は、基礎科学が必要だという意識があまりないと思います。だからこそ、私はあえて、「日本は成功している」といったのです。この問題を解決するには、まず、多くの人たちに基礎科学について考えてもらう必要があります。もちろん、国の財政を考えると難しい問題だと思います。しかし、自分たちのできることはやっていかないといけないと考えています。

質問　日本には、アメリカのように科学を行政がマネジメントする専門の部署がありません。アメリカ、ヨーロッパ、中国などには、専門の部署がありますが、それについてはどのようにお考えでしょうか。

村山　アメリカと日本では、それぞれよい部分と悪い部分があります。アメリカで一つよいと思うのは、大統領にサイエンスアドバイザーがいることです。日本には、首相に科学者がアドバイスをするメカニズムがどうもないようなので、そこは変えたらよいですよね。ただし、そういうものがあっても、機能しない場合はあります。トランプ大統領がサイエンスアドバイザーのいうことを聞くかというと、そうでもありません。

エネルギー省は科学を基礎から応用まで科学研究を担当していますが、マイクロマネージという手法で、個々の研究にいろいろと口を出してきます。もともとの目的以外の研究をしようとすると、「その部分にはお金を出していないので、やってはいけない」というところまで踏み込んできます。ですから、研究の自由は、むしろ日本の方があると思います。

ただし、日本には、失敗を許さない雰囲気があります。先日、飛行機に搭乗したとき、シリコンバレーでベンチャー企業を経営している日本人の方の隣の席になりました。この方がいうには、日本ではベンチャーは育たないそうです。アメリカのベンチャーキャピタルは、一定の割合で失敗することも考えて、投資します。しかし、日本では失敗すると、次のチャレンジができない状態に追い込まれてしまうので、怖くて足を踏み出せないといっていました。

研究でも同じことがいえると思います。一定の金額の研究費を広い範囲の研究者に配るという意見もありますが、このとき、研究がうまくいったかどうかの説明まで求めてしまうと、そこそこの研究しかしなくなると思います。世界でも画期的な研究への挑戦は、ハイリスク・ハイリターンです。むしろまったく芽が出ないと思われる研究もある程度サポートしておかないと、画期的な研究成果は育たなくなるでしょう。そのような自由度を許しつつ、説明責任を果たすようなメカニズムをつくるのは、日本では文化的に、まだ難しいところがあると思います。

質問　特に、若い研究者の常勤職が減っています。このような状況を改善するには、どうすればよいとお考えでしょうか。

村山　日本では、ときどき、アメリカで実施されているメカニズムを、日本にも取り入れようと議論されることがあります。私の理解では、若手の研究者に任期が付いたのも、最初はこのような議論から始まりました。私もそうでしたが、アメリカでは、まず、アシスタント・プロフェッサーという任期付きのポストに就きます。そして、業績を上げ、審査を経て、基本的に任期のない終身雇用になります。

ただし、アメリカは理由なく解雇できる社会です。ほとんどの人は、ものすごく不安定な状況で生きていますが、大学に限っては任期のない安定した雇用契約が結べる可能性があります。ですから、大学教員はアメリカ社会の中でとても魅力のある職業で、その職を得るために死にものぐるいでがんばります。もちろん、研究が好きで、自分の研究をやりたいから大学教員を目指すのですが、最終的に任期なく雇用される可能性があるから、がんばって目指します。

日本の場合は、このような制度を移植する過程で、最初の任期付きの部分だけが移植されてしまった状態です。しかも、日本の社会は、基本的に終身雇用の安定した雇用形態が残されています。そのような社会で、大学の教員だけが任期付きという事態になっています。これでは、優秀な人は二の足を踏んでしまいます。大学院のサポートも同じです。アメリカだけでなく、ヨーロッパ、中国、韓国などでは、大学院生は授業料などを免除してもらい、生活費も支給され、勉強しています。しかし、日本では授業料も生活費も自分で手当てしないといけません。そのため、留学生を募集しても敬遠されてしまいます。

以前、文部科学省の人に、なぜ、日本は大学院生のサポートができないのか聞いたことがあります。そのときの答が「日本の社会通念」ということでした。そのときの答を要約すると、日本では、大学院生は、本来仕事をするべき人が、単に道楽で好きなことを勉強したいから学生をやっているという認識なので、そのような人たちを国がサポートする理由はないという社会通念があるということでした。つまり、社会制度は、その国の歴史や文化などとも密接に絡み合っているので、一部分だけ取り出して、移植してもうまくいくはずはありません。それは臓器移植のようなもので、反発が起きてしまいます。

日本は、欧米のシステムをそのまま輸入するのではなく、日本でこそうまくいくシステムをしっかりと考えないといけません。そのためには、日本が成功した要因を理解し、そのロジックを活かす必要があると思います。日本のどこがすばらしいかをしっかりと認識しないと、日本のシステムに合った人材育成法の議論もできないと思います。

2章 基礎科学研究の現場から

2－1 元素の進化、合成と変換

櫻井博儀

元素とは何か

ここでは、原子核物理の立場から、基礎科学と社会とのつながりを考えていきたいと思います。元素という言葉を聞くと、ほとんどの人は、「元素の周期表」を思い浮かべることでしょう。周期表の中には、120個ほどの元素が並べられています。皆さんは、その中で好きな元素はありますか。原子核物理の立場からいうと、やはり原子番号113番のニホニウムが、一番のお薦めです。周期表に載っている元素はほとんどすべて、ヨーロッパやアメリカの人たちが命名したものです。その中で、ニホニウムは、初めてアジアの国の研究者が命名権をいただいたという記念碑的な意味合いがあります。

ニホニウムは、理化学研究所仁科加速器科学研究センターでつくられました。２００６年に上皇上皇后両陛下が、埼玉県和光市にある仁科加速器科学研究センターのＲＩビームファクトリーにお見えになったことがありました。森田浩介さんを中心とする超重元素研究グループでは、当時、二つのニホニウムの生成を確認していました。森田さんが、上皇上皇后両陛下にそのご報告をすると、上皇后陛下から「この新しい元素は何の役に立つのですか」と質問がありました。森田さんは、まじめで実直な方ですから、「何の役にも立ちません」と答えたのです。すると、上皇后陛下が再度、「実は何かの役に立つのではないですか」と質問されたのですが、森田さんの返事は「本当に役に立たないのです」というものでした。

１１３番元素のニホニウムは半減期が約０・００１秒です。つまり、ニホニウムはつくった直後に消えてしまうものなので、たしかに日常生活には役に立たないかもしれません。森田さんたちは、10年間かけて合計三つのニホニウムをつくりました。しかし、今後、加速器の性能が向上したり、さまざまな技術が発展したりすれば、短時間でよりたくさんのニホニウムをつくれるようになるかもしれません。そのような時代になれば、ニホニウムの応用の道が発見される可能性もあります。

さて、ここからは元素について、さらに詳しく考えていきましょう。元素の実態は原子ですので、元素をつくることは、原子をつくることと同じ意味になります。元素というのは、原子を化学的な性質に従って分類したものです。原子は、陽子、中性子、電子の三つの材料から成り立っています。この三つの材料は、宇宙初期に発生したビッグバンによってつくられたと考えられています。

原子は、真ん中に小さな原子核があり、そのまわりにたくさんの電子が雲のように広がる構造になっています。原子核は、プラスの電荷をもつ陽子と電荷が0の中性子を固めてつくります。元素の中で、たくさんの人たちに人気があるのは、たぶん金だと思いますので、試しに金をつくっていきましょう。

金は原子番号79の元素です。原子番号は、陽子の数と同じ数字なので、金をつくるには陽子が79個必要になります。80個用意してしまうと水銀になってしまうので、注意してください。そして、電子の数も79個必要です。陽子と電子は電荷のプラスとマイナスが反対になっていますが、電荷の量は一緒なので、79個の陽子と79個の電子を合わせると、電荷はちょうど0になります。

最後は中性子です。金をつくるには、中性子をいくつ用意すればよいのでしょうか。結論からいえば、118個用意すればよいことになります。119個にすると、原子核はベータ崩壊を起こし、水銀になってしまいます。中性子を117個にしてしまうと、この場合も、原子核は崩壊し、プラチナになります。まあ、プラチナであればよいかと考える方もいるかもしれませんが。

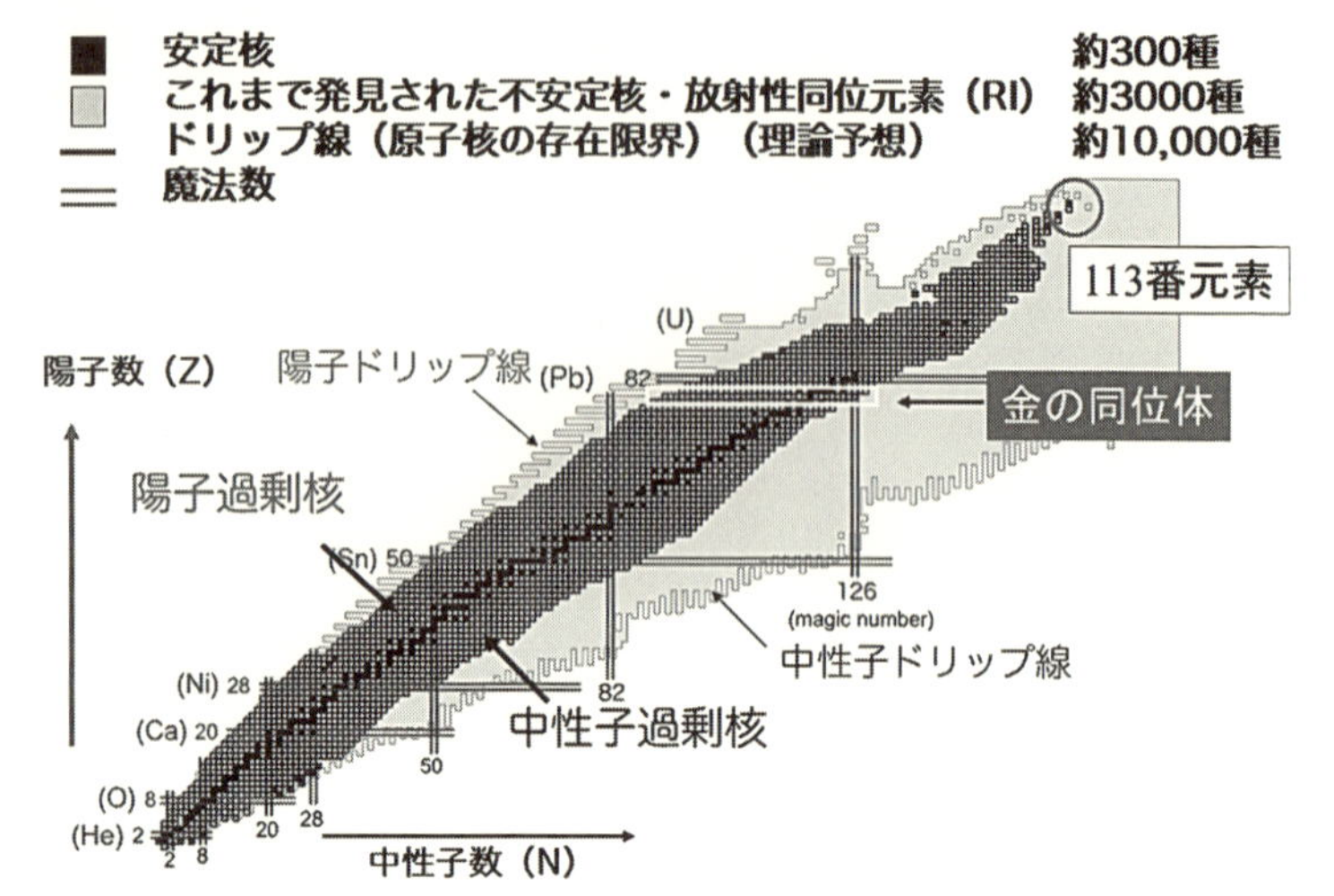

図１　核図表。陽子数、中性子数で原子核を分類した図表。小さい四角が一つの核種に対応し、黒い四角は崩壊しない安定核、濃い灰色は不安定核。原子核の存在限界はドリップ線とよばれている。陽子過剰側、中性子過剰側、それぞれのドリップ線にはさまれた領域（薄い灰色）に約１万個の原子核が存在していると予想されている。

原子核に含まれる陽子の数が79個の原子は、すべて金の原子となります。現在、金の原子は全部で42種類発見されています。どの原子も、陽子の数は79個ですが、中性子の数は、90〜131個と幅があります。そのうち、中性子の数が118個の金原子は、安定で壊れません。中性子を119個にしてしまうと、大事に金庫に保管しておいても、水銀に変化してしまうので、中性子の数も重要です。

原子の性質は、基本的に陽子の数と中性子の数で決まります。周期表は原子を陽子の数の違いだけでまとめたものといえますが、陽子だけでなく、中性子の数の違いも区別してまとめたものを核図表といいます（図１）。

陽子の数が同じで、中性子の数が違う原子核のことを同位体といいます。核図表はすべての元素の同位体を一つの図として表しています。すべての同位体を区別すると、原子の数はこれまで発見されたものだけで約３０００にのぼります。金の場合は、同位体が37個もあります。その中で、中性子が１１８個の同位体が安定同位体として存在することができるのです。他の元素でも、安定同位体以外の不安定同位体は、時間が経つと別の原子に変わってしまうので、私たちが日常生活で触れる元素は、そのほとんどが安定同位体となるわけです。

元素はどのようにつくられるか

次に、元素がどのようにつくられるのかを考えていきましょう。皆さんは、地球上に存在する元素がどこでつくられたのかご存知ですか。実は、そのほとんどが宇宙でつくられています。地球は、宇宙でつくられたたくさんの元素が、長い時間をかけて集まり、現在の姿になったといっても過言ではありません。もちろん、人間の体を構成する元素も、元をたどれば宇宙に行きつきます。

先ほども述べましたが、原子の材料である陽子、中性子、電子はビッグバンによってつくられます。これらの材料が結合することで、いろいろな元素ができてくるのです。ただし、どこでつくられるのかは、それぞれの元素によって違います。

原子番号１の水素と原子番号２のヘリウムは、ビッグバンのときにつくられます。水素の原子核は陽子そのものなので、このときにつくられた水素原子核の数は陽子の数と同じとなります。この

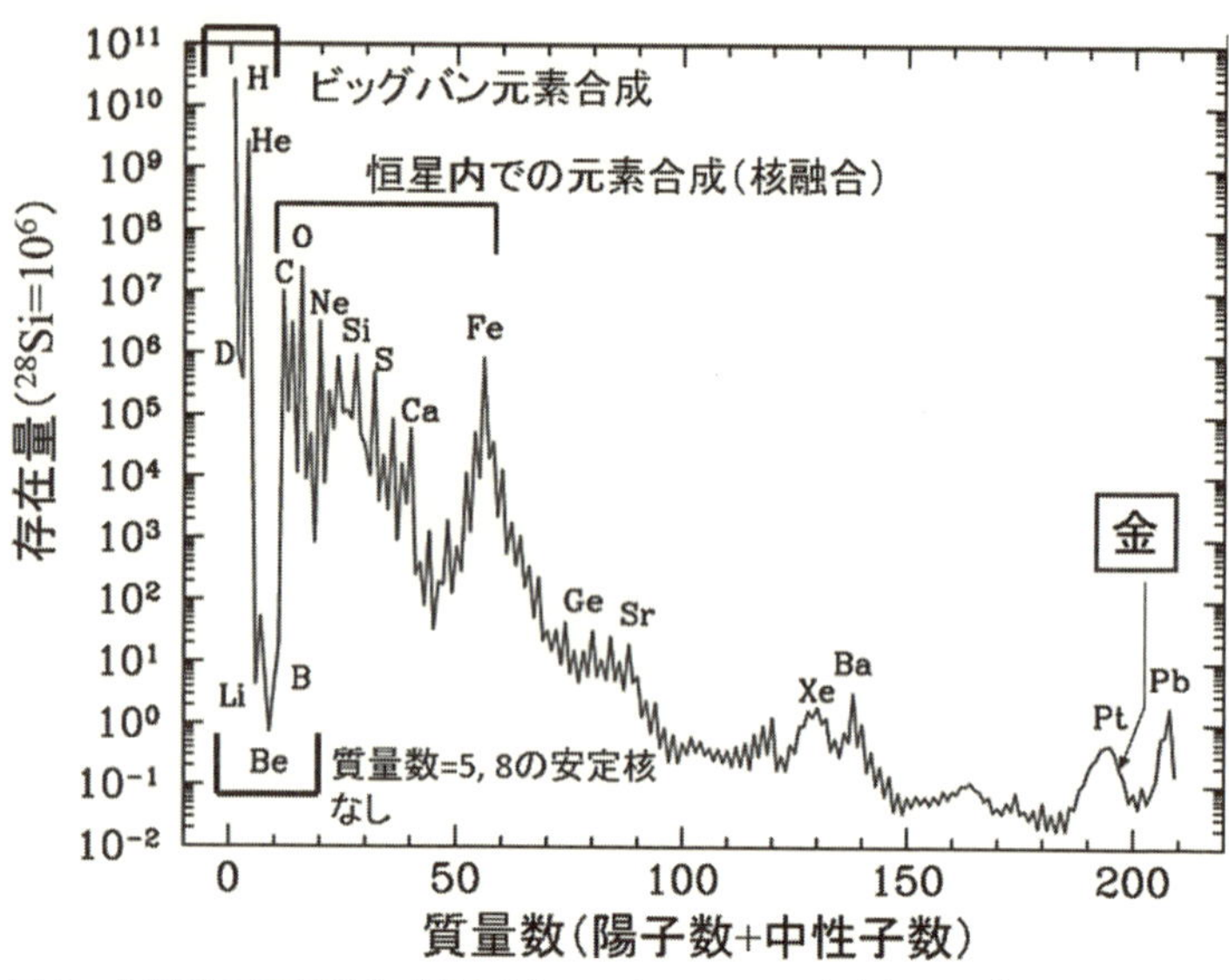

図2　太陽系の元素組成（存在比）。シリコン28の存在量を10^6として規格化してある。

水素原子核が中性子と出会って重水素原子核ができ、さらに重水素原子核が陽子と中性子と出会うことによってヘリウム原子核が合成されます。ビッグバンではリチウム原子核までつくられたのですが、このときつくられたリチウム原子核の量は、水素とヘリウムの原子核と比べるととても少ないものでした。そのため、これ以上重い原子核はつくられませんでした。

その次に原子核がつくられる現場となったのが、恒星の中心部です。恒星は、水素原子とヘリウム原子が集まってできたものです。水素とヘリウムはこの宇宙の中で、軽い物質の代表格となるものです。その水素とヘリウムがたくさん集まることで、巨大で重い恒星がつくられます。

恒星の中心部分では、原子核が密に詰まっていて、温度と圧力が極端に大きくなります。そのような環境では、複数の原子核が融合する核融合反応が進むようになります。恒星というのは、自ら明るく光り輝く星を意味しますが、恒星が光り輝くためのエネルギーをつくり出しているのが、核融合反応です。核融合反応がどこまで進むのかは、恒星の重さによってまちまちですが、とても重い恒星は、核融合反応で鉄の原子核まで合成します。

図2は、太陽系内での元素の存在比を示すグラフです。太陽系も宇宙の一部なので、ビッグバンによってつくられた水素とヘリウムの存在量はとても多くなります。次いで、存在量が多いのは、恒星内部の核融合反応でつくられる炭素、酸素、ケイ素、鉄などです。鉄の原子核はこの宇宙の中で一番安定性の高いもので、核融合反応はこれ以上先には進まなくなります。そのため、核融合反応で合成されるのは鉄原子核までなのです。

しかし、図2を見ると、存在比は小さくなりますが、鉄よりも重い元素はそれなりの量が存在しています。これらの重い元素の中には、私たちが大好きな、金やプラチナも含まれます。これらの重い元素はいったいどうやってつくられているのでしょうか。鉄よりも重い元素がつくられる過程には、二つの種類があると考えられています。一つは「s過程」。もう一つは「r過程」です。このsとrはそれぞれ「slow（遅い）」と「rapid（急激な）」の頭文字です。

先ほど述べた金と水銀の関係を思い出していただきたいのですが、安定な原子核は、中性子を吸収することで不安定な放射性元素になり、一定の時間が経つと崩壊します。このときの変化をもう少し詳しく説明すると、原子核の中にある中性子が壊れ、陽子に変化する反応が起こります。すると、原子核の中の陽子の数が一つ増えますので、原子番号が一つ大きな原子核に変わります。金原子核の場合は、中性子が一つ壊れて、陽子が一つ増えることで水銀原子核になります。

鉄より重い原子核は、中性子を吸収することで、不安定な原子核になり、原子核の中で中性子が崩壊することで、より重い元素へと変化していきます。このとき、中性子を吸収するスピードが遅いのがs過程、速いのがr過程となります。s過程は100年単位、ときには1億年くらいかけて反応が進むのに対し、r過程は1~2秒の短時間のあいだに、中性子を吸収し、ベータ崩壊を起こし、原子番号が一つ大きくなるサイクルを何度も繰り返します。

鉄より重い元素の誕生には、このr過程が重要だと考えられていますが、r過程に関してはほとんど何もわかっていません。このr過程を最初に提唱したのが、1983年にノーベル物理学賞を受賞したウィリアム・ファウラーです。彼は1957年に、超新星爆発のときに発生する大量の中性子を原子核が吸収し、重い元素の合成が進むという「r過程仮説」を提唱しました。超新星爆発とは、太陽の8倍以上の質量をもつ恒星が死を迎えたときに起こす大爆発です。

このr過程は、どこで起こっているのかまったくわかっていません。最近の研究結果によると、ファウラーの考えとは反して、超新星爆発ではr過程は進まないのではないかという研究結果も発表されています。

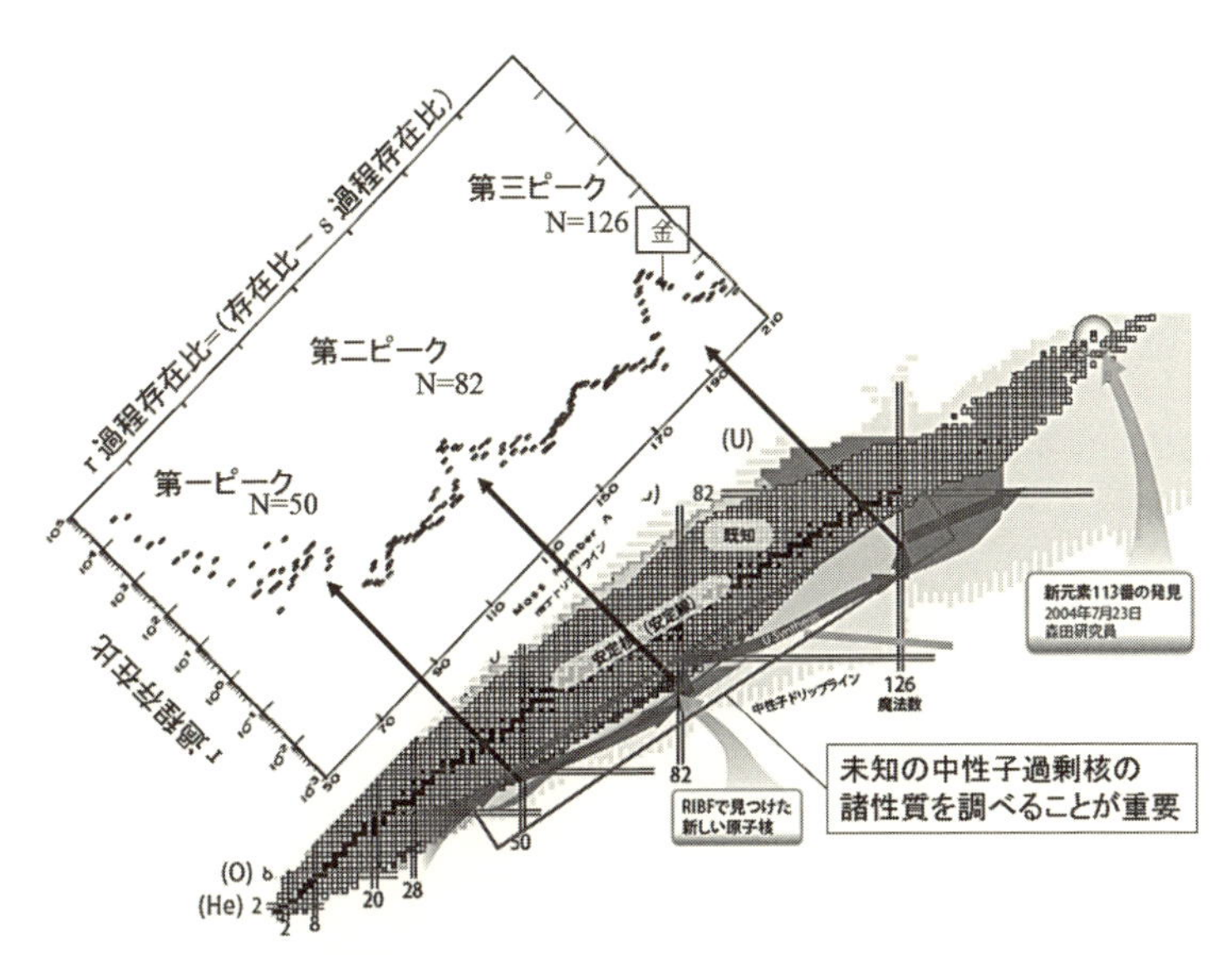

図3　ｒ過程元素合成仮説。中性子過剰な原子核がｒ過程で生成され、それが崩壊して安定な原子核になる。ｒ過程元素の三つのピークは中性子過剰領域の魔法数50、82、126に対応していると考えられている。

ｒ過程が進行することで、直接的につくられるのは中性子が過剰になった原子核ですが、この原子核が崩壊を繰り返すことで、やがて安定な原子核に落ちつくというわけです。図3には、ｒ過程でつくられる元素の存在比が示されています。ｒ過程によってできる元素には存在比の多いものと少ないものがあるのですが、鉄以降で、特に存在量が多い原子核が三つあります。グラフにすると、図3のように三つのピークが現れます。このピークをつくる原子核は、ｒ過程で直接つくられる原子核の中性子の数が50個、82個、126個のものです。崩壊しない安定な原子核の研究をしている中で、中性子が50個、82個、126個の原子核は他の原子核よりも安定な状態になることが知られています。そのため、これらの数は中性子数の魔法数とよばれています。他よりも安定な原子核ができるために、数が多くなり、ピークができるというわけです。

元素を人工的につくる

ただ、50、82、126が、中性子が過剰な不安定な原子核でも魔法数なのかは、まだあまりよくわかっていません。また、r過程が実際に宇宙のどこで起こっているのかも不明なままです。そのことをしっかり調べようと思うと、中性子過剰な原子核を人工的につくり、さまざまな性質を知る必要があります。それでは、原子核を人工的につくるにはどうしたらよいでしょうか。原子核を反応させるためには、猛烈なエネルギーが必要です。このエネルギーを温度に換算すると、少なくとも10の10乗℃以上が必要です。

たとえば、私たちが家で料理をするときの一般的な温度は100℃くらいです。オーブンを使うと300℃くらいになりますが、だいたい10の2乗℃程度になります。料理は化学反応の一種で、原子や分子の結合を変化させています。より激しい場合でも化学反応に必要なエネルギーは1000℃ほど、つまり、10の3乗℃くらいとなります。化学反応と比べると、原子核反応を起こすためには、どれだけ膨大なエネルギーが必要なのかがわかるでしょう。

人工的に原子核をつくるために、欠かせないのが加速器という装置です。加速器とは、原子核などの粒子をとても速いスピードにまで加速するための装置です。つまり、加速器によって大きな運動エネルギーを与えた粒子を、他の粒子と衝突させることによって、原子核反応を発生させるのです。仁科加速器科学研究センターのＲＩビームファクトリーには、七つの加速器があり、放射性同位元素（ＲＩ）のビームを大量生産しており、世界でもトップの性能を誇ります。複数の加速器を組み合わせることで、水素からウランまでの元素を加速して、ビームにします。そして、そのビームを標的となる他の元素に照射することで、核反応を起こし、中性子過剰の原子核をつくります。もし、皆さんが核図表の中でつくりたい同位体がありましたら、私に連絡していただければ、ご希望の同位体をビームとして取り出すことができます。

私たちは、さまざまな原子核のビームをつくり、寿命、質量などの基本的な物理量を測定しています。原子核の物理量は、理論的に予測できるのですが、実際に測定してみると、理論とずれている場合もあります。やはり、実際に中性子過剰な原子核を一つひとつつくって、それぞれの物理量を測定することが大切です。

そのような測定を重ねた結果、１１０個の中性子過剰の原子核の寿命を測定することに成功しました。中性子過剰の原子核は、ほとんどが放射性同位体なので、寿命が存在します。原子核物理の場合、寿命の指標として、原子核の数が半分に減る半減期を使用します。半減期の測定は、それほど難しいものではありません。まず、原子核をつくり、その原子核がやってきたら時計のスタートを押して、崩壊によって他の粒子に変化したら、時計を止めます。これで原子核の崩壊までの時間

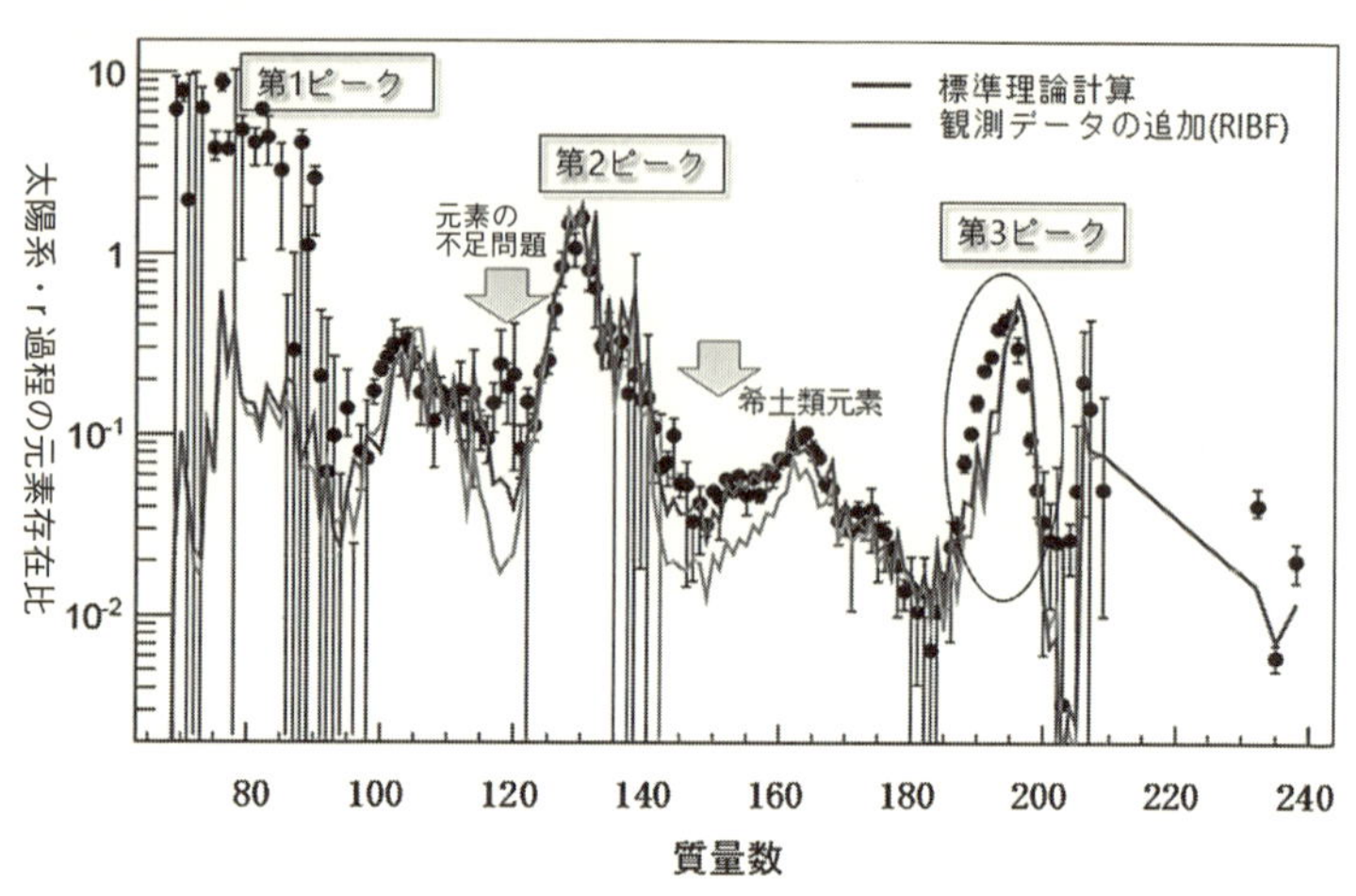

図4　r過程存在比の観測値と計算値。RIビームファクトリーで得られた半減期データを利用すると存在比をよく説明する。［理化学研究所の記者発表資料（http://www.nishina.riken.go.jp/news/2015/20150512.html）から採録］

が計測できます。ただし、1回の測定だけではすぐに半減期を決めることができません。同じ原子核を何度も測定することで、半減期を決めていきます。

110個の原子核の中の40個は、世界で初めて半減期が測定されたものです。そして、110個の原子核の半減期のデータを、超新星爆発のモデルに入れてシミュレーションしてみると、観測データとよく整合する結果となりました。つまり、たくさんの原子核をしっかりと測定して、たくさんのデータを得ることで、モデルの精度をより高めることができるのです（図4）。

r過程によってできる元素の存在比をグラフにすると、三つのピークができます。実は、この3番目のピークについて、理論予測と実際の観測結果があまり合わないという問

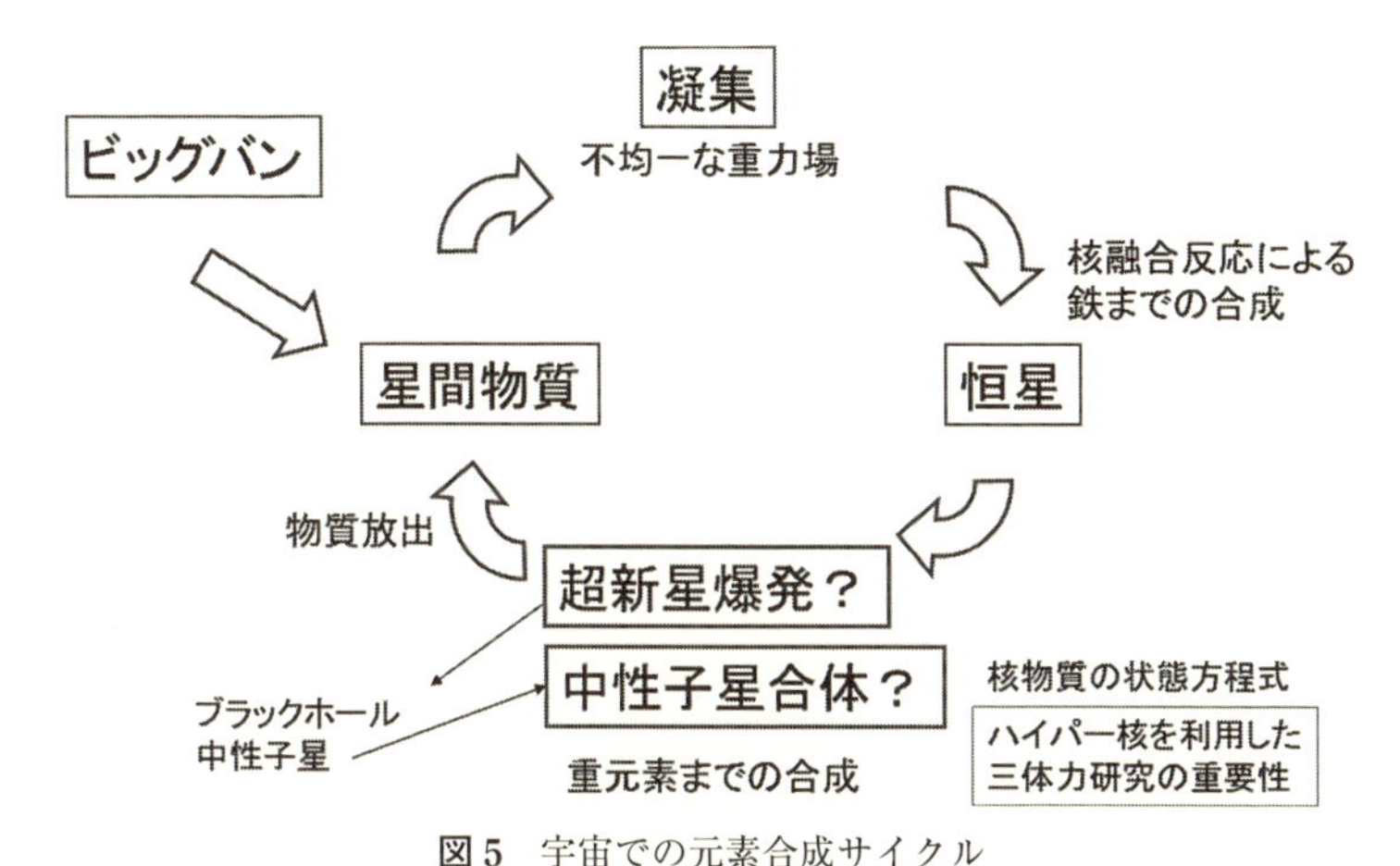

図5　宇宙での元素合成サイクル

題がありました。この3番目のピークの元素合成をどのように理解するのかが、世界中の研究者の大きな問題となっていました。この問題を解決するために、2015年あたりから、3番目のピークの元素合成は、超新星爆発ではなく中性子星合体でされているのではないかという議論が巻き起こってきたのです。

これは確かめる手段がほとんどなかったのですが、2017年に中性子星合体による重力波が実際に観測されたことで状況が大きく変わりました。その直後に、世界中の望遠鏡が、重力波源を探そうといっせいに観測を始めました。そして、重力波源の天体を実際に発見し、可視光をはじめ、さまざまな波長で観測することに成功したのです。その観測結果から、どうやら中性子星合体で鉄よりも重い元素が合成されているのではないかという見方が強くなっています（図5）。

まだ、重い元素の合成についてはわかっていないことも多いのですが、超新星爆発と中性子星合体のそれぞれで、どんな元素が、どのようにつくられるのかを知ることが大切になります。このことを明らかにするには、中性子星の内部構造がどのようになっているのかを知ることが、重要になってきます。

現在、茨城県東海村にある大強度粒子加速施設（J-PARC）ではハイパー核とよばれる特殊な原子核の研究が行われています。私たちの身のまわりにある原子核は、陽子と中性子からつくられていますが、ハイパー核は陽子、中性子の他に、ハイペロンという特殊な粒子を含んでいます。このハイパー核は、中性子星の内部を構成しているとも考えられているので、ハイパー核の研究はこれからますます注目を集めることになると思います。

原子核物理と社会

これまでは元素がいかにして生まれ、変化していくのかという知的好奇心のサイドからお話をしてきました。原子核物理学で使用している加速器という装置は、産業界とも非常に強く結びついています。そこで、次に、純粋な好奇心だけではなく、社会の課題を解決するという立場で、原子核物理学を考えていこうと思います。

原子核物理学で社会の課題を解決するということを考え始めたのは、2011年に発生した東京電力福島第一原子力発電所の事故がきっかけでした。私個人としては、福島周辺に放射性物質がばらまかれてしまったことはとてもショックなことで、半年ほど、何もできない状態が続きました。

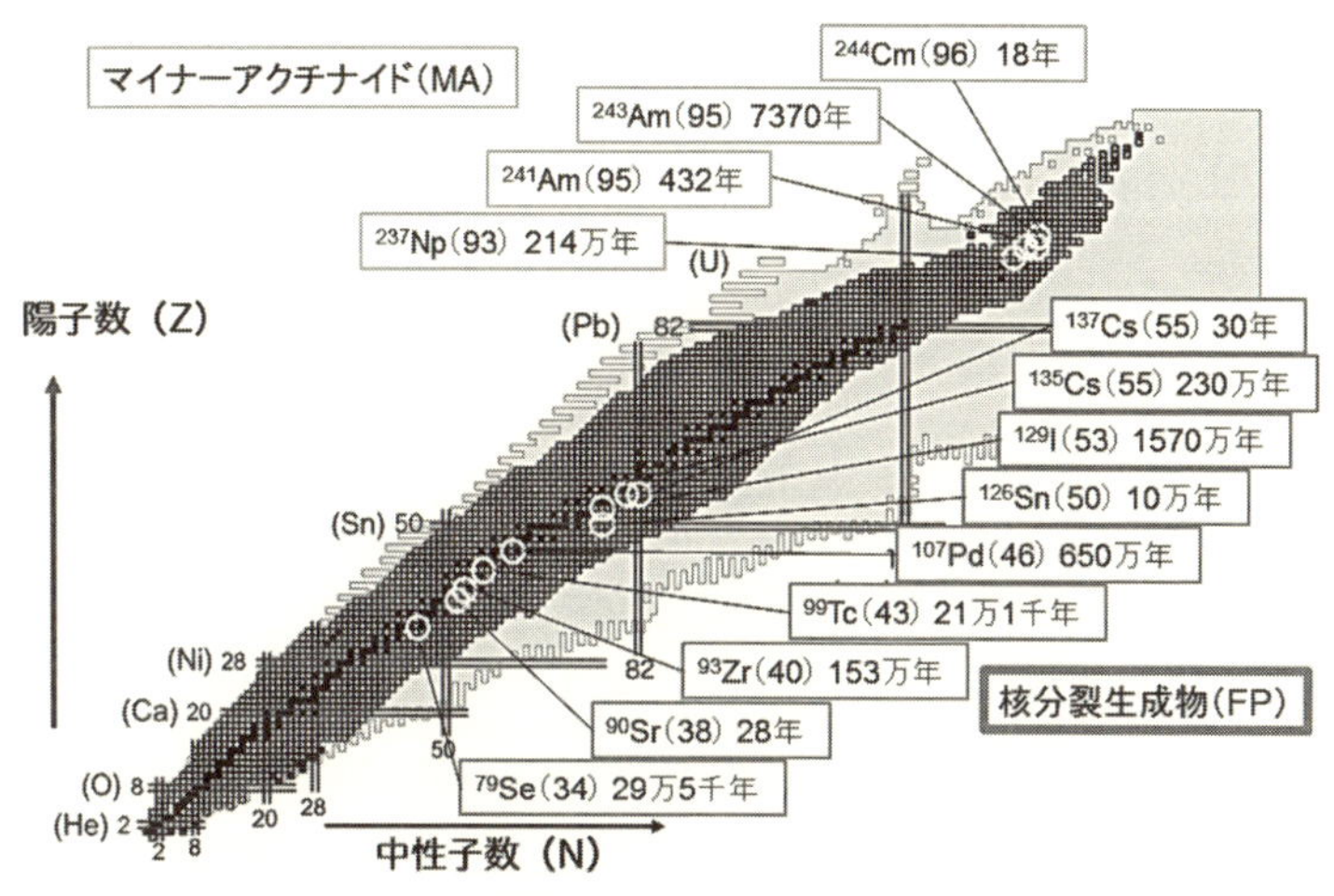

図6　高レベル放射性廃棄物中に含まれる長寿命核種

しかし、それではよくないと、基礎科学の立場から貢献できることはないかと考え、高レベル放射性廃棄物の問題に取り組むことにしました。

高レベル放射性廃棄物の問題は、「トイレなきマンション」といわれており、原子炉はつくられたものの、そこから排出される高レベル放射性廃棄物の処理処分問題は、まだ解決されていません（図6）。高レベル廃棄物に対する基本的な考え方は、地下深くに埋める地層処分によって、ふたをしてしまおうというものです。しかし、地層処分にするにしても、候補地が見つからないのが現状です。

高レベル廃棄物は、長寿命の放射性廃棄物がたくさん含まれていることが最大の問題になっています。長寿命放射性物質は、大きく二つの種類に分かれます。一つはウランよりも重くてアルファ線を出す放射性物質のマイナーアクチノイド。そして、もう一つはウランの半分くらいの質量数をもつ核分裂生成物です。

これらの放射性物質に、どのように対処していけばよいのでしょうか。現在、私たちが利用している原子炉は、基本的に、熱中性子を使って捕獲反応を起こすことと、核分裂による連鎖反応を起こすことの二つの反応をうまくコントロールして動いています。しかし、これらの反応で残ってしまった灰が長寿命放射性物質ですので、他の物質に変換する場合には熱中性子以外の反応を利用する必要があると考えています。たとえば、高速炉を使用して、少しエネルギーの高い中性子（高速中性子）をぶつけることで、マイナーアクチノイドは他の物質へと変わっていきます。また、加速器を組み合わせた原子炉を使って核分裂反応を起こすことも検討されています。

ただ、いずれにしても核分裂反応が進むと、マイナーアクチノイドを短い寿命の元素に変換するだけでなく、長寿命の核分裂生成物も生み出してしまいます。より質量数の小さな核分裂生成物を他の物質に変換するにはどうしたらよいでしょうか。私たちは、加速器を利用した変換を検討することにしました。

ところが、実際に長寿命の放射性廃棄物を短寿命の放射性原子核や安定核に変換しようと考えたときに、これらの原子核の核反応データがほとんどないことに気がつきました。これまで、広く社会で利用されていた核反応は、原子炉の中で発生する核分裂がほとんどだったので、熱中性子の吸収に関するデータはたくさんあるのですが、それ以外のデータはほとんどありません。そこで、原子核の変換に関するデータを一つひとつ測定するところから、研究を始めました。

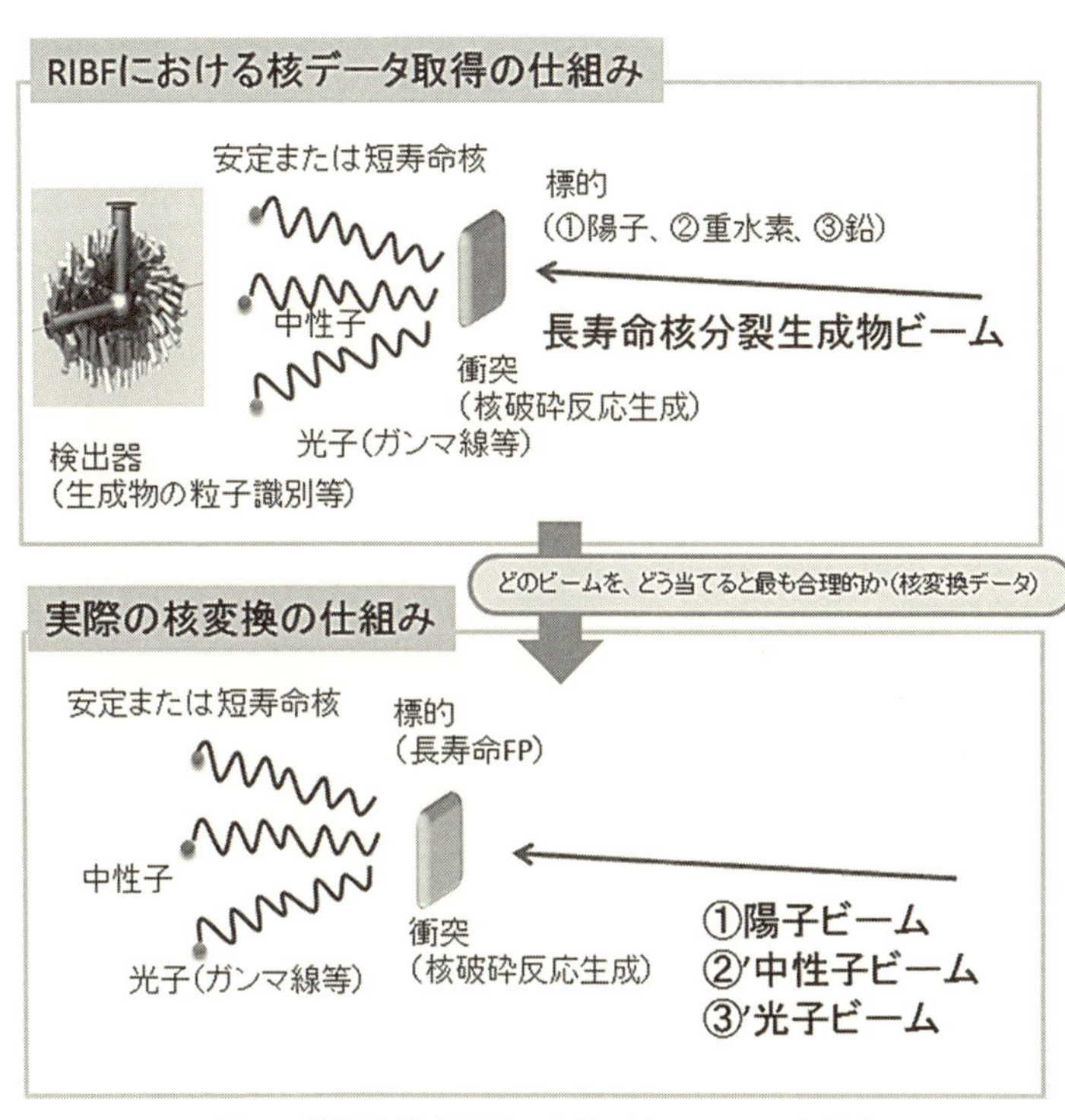

図７　逆運動学を利用した核反応データの取得法

理研のＲＩビームファクトリーでは強いビームをつくることができるので、原子核の変換に関するデータを測定するのにとても適しています。また、長寿命の放射性同位体はビームとして取り出すことで特定の標的に衝突させたときに、何ができるのかがとても調べやすいという利点もあります（図７）。このような実験ができるのは、世界中でＲＩビームファクトリーだけです。

実際に、よく知られた放射性同位体の一つであるセ

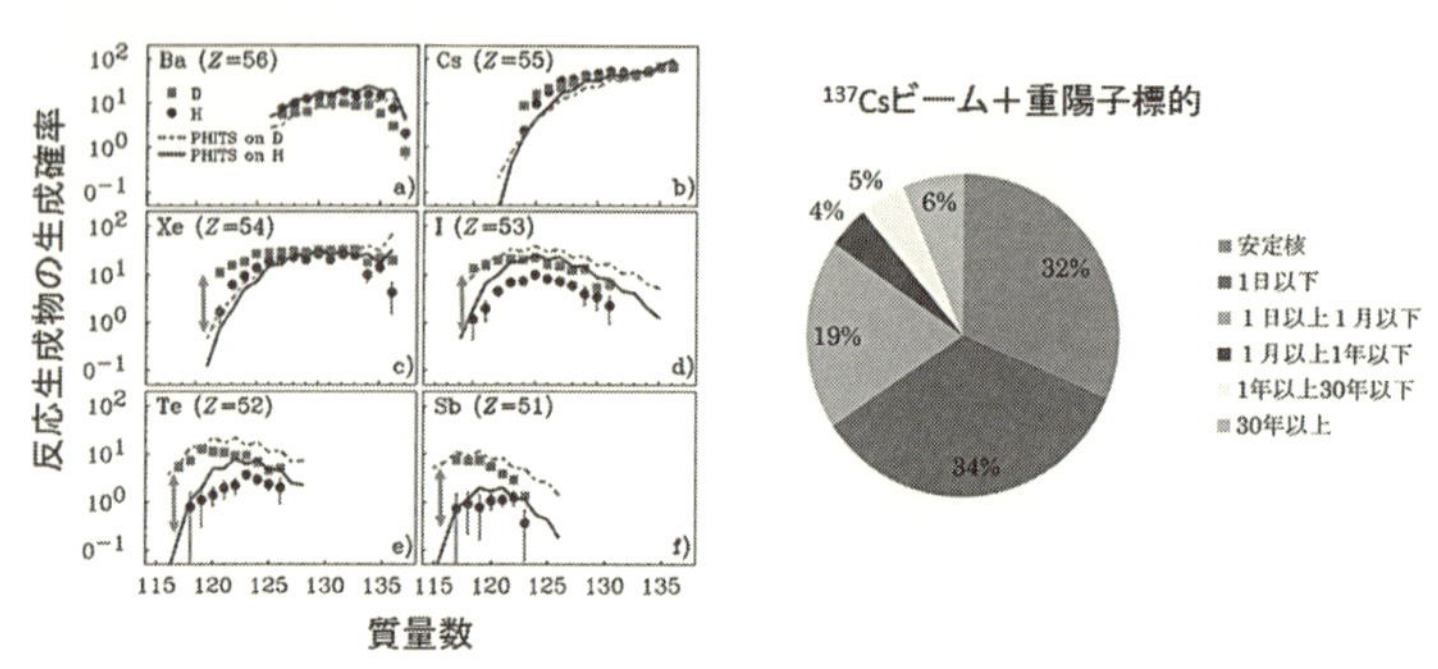

図8　核反応データの一例。核子あたり186 MeVの137 Csビームを陽子、重陽子標的に照射した場合の反応生成物ができる確率（左）とその半減期の割合（右）［図はH. Wang et al.: Physics Letters B 754, 104 (2016) および理化学研究所の記者発表資料（http://www.riken.jp/pr/press/2016/20160219_1/）から採録］。

シウム１３７をビームにして、陽子や重陽子と衝突させて、データを計測してみました。重陽子は陽子と中性子からできた原子核なので、重陽子のデータから陽子のデータを引けば、中性子のデータが得られるのではと考えていたのですが、それほど甘くなく、目論み通りにはいきませんでした。しかし一方で、得られたデータは基礎科学の観点からは、興味深い結果を示しています（図８）。さらに、セシウム１３７が陽子や重陽子と衝突した後に、どのくらいの半減期をもつ原子核がどのような割合でつくられるのかも、しっかりと調べました。この結果は論文にまとめ、基礎物理学の学術誌『Physics Letters B』で発表しています。

この研究がきっかけとなり、革新的研究開発推進プログラム（ＩｍＰＡＣＴ）で「核変換による高レベル放射性廃棄物の大幅な低減・資源化」でさらに研究を促進しています。ＩｍＰＡＣＴのプログラムは、東芝の藤田玲子さんがプログラム・マネージャーを務め、藤田さんとともに、プロジェクトの詳細な計画を立案しました。私は、新しい核変換システムの概念検討を担当しています。

このプロジェクトは、原子核物理学を中心とする理学の人間だけでなく、工学や産業界の方々も参加し、力を合わせて進めています。科学的な側面からは、核反応のデータを一つひとつ積み重ね、新しい核反応理論をつくるためのデータベースを構築しています。また、長寿命の放射性原子核を効率よく他の原子核に変換するために、より高強度の加速器の開発を進めています。現在、稼働中の加速器の強度は最大で1ミリアンペアほどですが、新しい加速器はその1000倍である1アンペアの強度の実現を目指しています。この加速器ができれば、1日あたり6×1023個（1モル）くらいの原子核を短寿命の放射性原子核や安定原子核に変換できると見込んでいます。このような先進的な取り組みが評価され、公益社団法人発明協会から、平成30年度の21世紀発明賞をいただきました。

私は、純粋に科学的な興味から、「元素はいかにして生まれ、変わっていくのか」という問の答を探すために、世界最先端の加速器施設RIビームファクトリーを利用して研究を進めています。そしてこの基礎研究の成果をもとにして、「高レベル放射性廃棄物を減らすことができるのか」という社会的な課題の解決に取り組んでいます。この課題は、「人類は元素を自在につくり変えることができるのか」という新たな問を私たちに提示しています。これらの問への答を探ることが、持続可能な社会の実現に貢献することになるのです。

Q&A

質問　日本の研究をさらによくするためには、どのようにすればよいとお考えですか。

櫻井　研究は、人が行う文化的な行為です。日本の研究を活発にするには、若い人たちが挑戦しやすい環境をつくることが大切だと思います。現在の大学では、昔の助手に相当する助教のポストが減っています。東京大学の五神真総長は、「ポストを増やせ」と号令をかけていますが、なかなか増えません。やはり若い人たちに安定したポストを提供する環境をつくることが大切だと思います。

2－2　発展する天文学の現状と今後

常田佐久

天文学と観測

国立天文台は１９８８年に、東京天文台、岩手県水沢市（現在の奥州市水沢地区）にあった緯度観測所、名古屋大学空電研究所の一部が統合することで、発足しました。その約10年後の１９９９年には、ハワイ島のマウナケア山頂にすばる望遠鏡を完成させ、さらにそれから10年ほど経過した２０１１年には、南米・チリのアタカマ砂漠にアメリカ、ヨーロッパと協力してアルマ望遠鏡（アタカマ大型ミリ波サブミリ波干渉計）を開設しました。さらに、２０２０年代の終わりには、ＴＭＴ（Thirty Meter Telescope：30メートル望遠鏡）の建設を終え観測を開始する予定です。

現在の天文学の大きなテーマの一つは、生命の起源にまつわるものです。地球上の生命がどのように誕生したのか、まだよくわかっていませんし、地球外に生命が存在するのかも大きなテーマになっています。20年前は、このような話題はごく少数の天文学者の関心事でしたが、現在では天文学のメインストリームになっています。この他、ダークマターとダークエネルギーの正体や宇宙の始まりを探ることも大きなテーマです。

天文学の学問領域が広がるにつれ、国立天文台の守備範囲もどんどん広がっています。これらのテーマを研究していくうえで、大型観測施設は欠かせない存在になっています。世界の研究者の共通の問題提起を解決できるような大型観測施設を提案、建設していくのが、国立天文台の大きなミッションだと考えています。

大型観測装置の建設には莫大なお金がかかります。そもそも、なぜ、このような観測装置が必要なのでしょうか。近代天文学は、1609年に、イタリアのガリレオ・ガリレイが、オランダで発明された望遠鏡を自作して夜空に向けたところから始まりました。それ以来、天文学の長い歴史は、高い解像力と集光力を求めてきた歴史といえます。

可視光や赤外線で天体を観測する光学望遠鏡の場合、天体からの光を集める主鏡やレンズを大きくすることで、集光力と解像度が上がります。口径10センチメートルの望遠鏡で木星を見てもぼやけていますが、口径8メートル級の大きな望遠鏡で観測すると、はるかに鮮明な像が得られます。

1930年代になると、人類は可視光に加えて電波で天体を観測する電波望遠鏡を手にするようになりました。電波望遠鏡は光学望遠鏡と同じように、1台の望遠鏡で観測する場合もありますが、複数の望遠鏡からの信号を合成して、1台の大きな望遠鏡として観測する干渉計というシステムをつくり観測する場合があります。干渉計の技術を使えば、現実的につくるのが難しい口径の大きな望遠鏡を仮想的につくり、解像度や感度を高めて観測することができます。

観測装置の大型化

国立天文台は、すばる望遠鏡とアルマ望遠鏡の二つの大きな望遠鏡を運用し、大きな成果を挙げてきました。すばる望遠鏡は、口径8・2メートルの可視光赤外線望遠鏡で、20年運用してきました。20年前の望遠鏡と聞くと、古く感じる人もいるでしょう。しかし、すばる望遠鏡は、20年経った現在でも、最先端の研究成果を発表しています。すばる望遠鏡の強みは、高い拡張性にあります。システムの根幹部分は、20年前につくられたものですが、時代に合わせて新しい観測機器を搭載して、時代に即した最先端の観測をすることができるのです。

たとえば、2012年に観測が開始された超広視野主焦点カメラ（ハイパー・シュプリーム・カム：HSC）は、8億7000万画素の撮像素子をもつ世界最大の視野をもつカメラです。HSCは、すばる望遠鏡の高い結像性能とあいまって、広い範囲の鮮明な画像を一度に得るという特徴があり、これまで2000万個以上の銀河を撮影し、その数は増え続けています。

アインシュタインの一般相対性理論によると、重力は空間を曲げる性質をもっています。重力源の向こう側にある銀河からの光の経路が、重力源により曲げられるため、銀河の形状がゆがみます。これを重力レンズ効果といいます。HSCにより、多数の銀河の形状のゆがみを計測し、ダークマターの3次元地図を作成しました。ダークマターは、私たちの目で直接見ることはできません。もちろん、どのような波長の望遠鏡を使っても見えません。しかし、多数の銀河の微小なゆががみを調べることで、目に見えない重力源、つまり、ダークマターがどこに、どれだけ存在するのかを知ることができるのです。

このダークマターの精密地図の大きな特徴は、奥行き方向（地球からの距離方向）のダークマターの分布の変化がわかることです。遠く離れた天体からの光は、地球に届くまで時間がかかります。たとえば、太陽からの光は、太陽から放射されてから地球にたどりつくまで8分19秒ほどかかります。つまり、遠くの天体を観測することは、過去の宇宙を観測することと同じです。ＨＳＣでつくられた地図によって過去から現在にかけて、ダークマターがどのように変化してきたのかがわかるようになるのです。

現在、すばる望遠鏡の新しい観測装置として、超広視野多天体分光器（ＰＦＳ）を開発しています。ＰＦＳは２４００個の銀河を一度に分光できる装置です。ＨＳＣ、ＰＦＳともに、東京大学国際高等研究所カブリ数物連携宇宙研究機構（カブリＩＰＭＵ）などと国立天文台の連携でつくられた観測装置です。ＨＳＣは約50億円、ＰＦＳは80億円の外部資金を得て開発しています。一機関・一国では、もはや多額の費用を捻出することができず、国内機関の連携と国際協力による成果の最大化が、重要になっています。

マルチメッセンジャー天文学の幕開け

２０１７年8月17日には、天文学の歴史を大きく前進させる出来事がありました。この日、アメリカの重力波観測施設ＬＩＧＯは連星中性子星の合体によって発生した重力波を観測することに成功しました。ＬＩＧＯは２０１５年９月14日に、世界で初めて重力波観測に成功した施設で、そのときは連星ブラックホールの合体によって生じた重力波を観測しました。その後、いくつかの重力波を観測したのですが、それらはすべて連星ブラックホールの合体によるものでした。多くの物理学者は連星中性子星の合体による重力波の観測を待ち望んでいたわけですが、２０１７年８月17日に、ついに観測することに成功したのです。

これだけでも、歴史的な観測結果ですが、この観測には続きがあります。世界中の天文観測機関は、ＬＩＧＯとヨーロッパの重力波観測施設Virgoの研究チームと協定を結んでいて、重力波を観測したらその情報を伝え、それぞれの機関が追跡観測をする約束になっていました。世界中の観測施設がいっせいに重力波が発生した方向を観測し始めました。

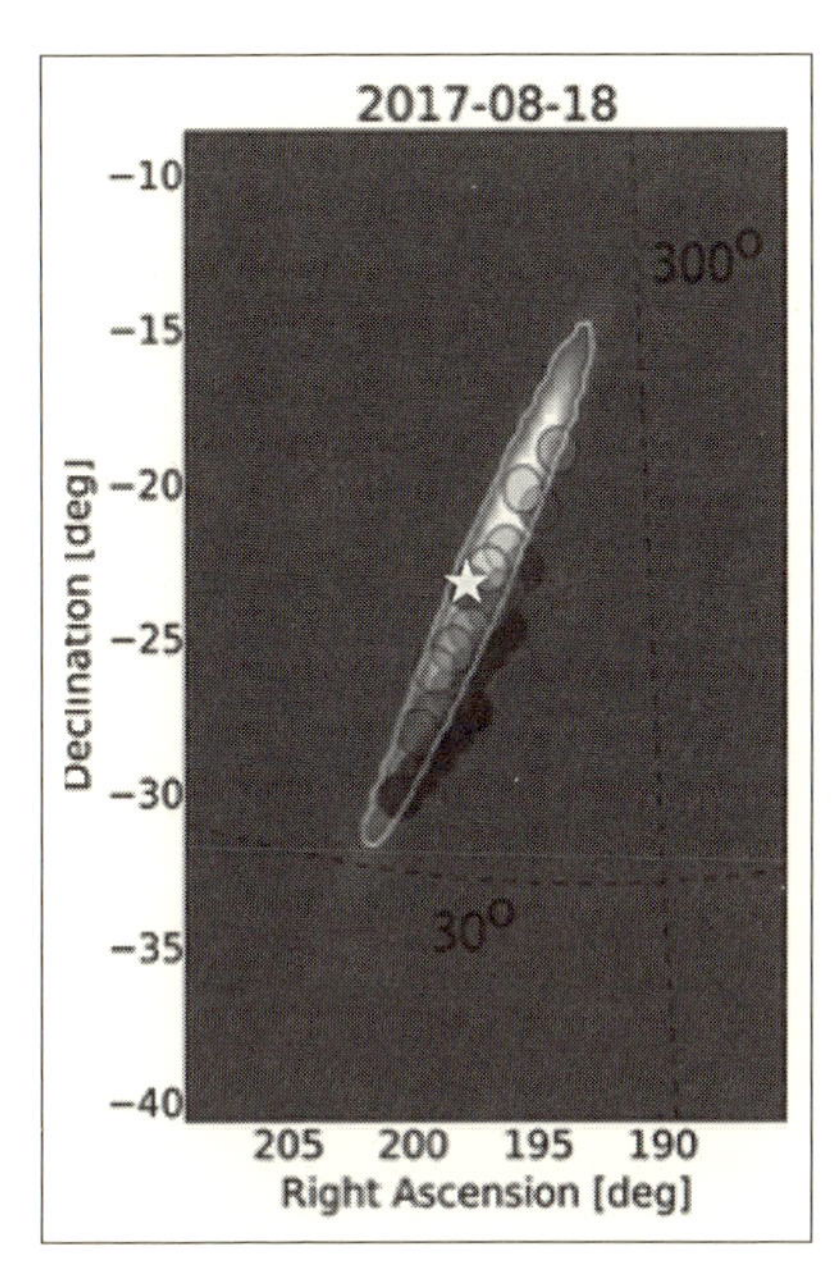

図９　重力波発生源の探索（©2018, Oxford University Press, licensed under CC BY）（Tominaga, N. et al.: Publ. Astron. Soc. Japan **70**(2), 28(1-11)(2018); dio: 10.1093/pasj/psy007）

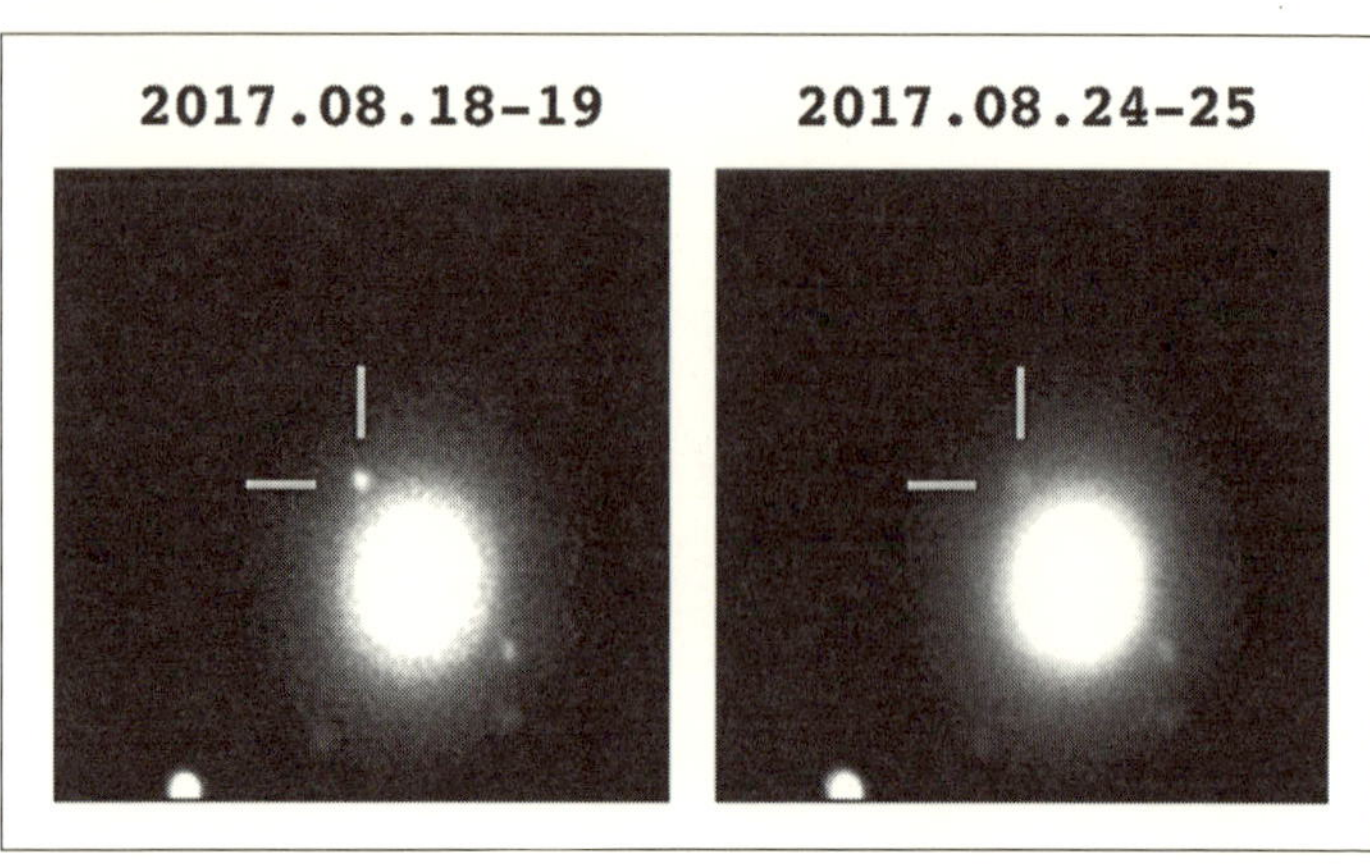

図 10　発見された重力波源。うみへび座の方向にある NGC4993 で発見され地球からの距離は約 1 億 3000 万光年。すばる望遠鏡による可視光線観測と南アフリカの IRSF 望遠鏡による近赤外観測を三色合成（画像クレジット：国立天文台／名古屋大学，https://www.cfca.nao.ac.jp/pr/20171016 より）（Utsumi, Y. et al.: Publ. Astron. Soc. Japan **69**(6), 101(1-7)(2017); doi:10.1093/pasj/psx118）

ただし、重力波の観測では、位置があまり正確にわかりません。図9に示されたかなり大きな領域のどこかで重力波が発生したことまでしか突きとめられませんでした。重力波観測の誤差範囲である細長い領域の中に示された小さな円がすばる望遠鏡の観測範囲です。すばる望遠鏡は、他の望遠鏡に比べて広い視野を観測することができるので、一晩観測すれば、重力波の発生源がどこにあるのかを探すことができます。

日本の観測チームは、知らせを受けてから17時間後に、すばる望遠鏡で地球から1億3000万光年離れた銀河NGC4993で重力波源を発見しました。その後、国内外に設置されている望遠鏡群を駆使して、可視光から赤外線にかけて複数の波長で追跡観測を実施しました（図10）。

私が学生の頃は、可視光、赤外線など波長ごとに研究者が分かれてしまっていたのですが、最近では、すべての波長で一つの天体を観測する全波長天文学が重要になっています。さらに、電磁波以外にも、ニュートリノ、重力波と、天体を観測できる手段が増えてきました。マルチメッセンジャー天文学の始まりです。

実際、今回の観測結果とコンピュータシミュレーションを組み合わせて、連星中性子星合体によって、金、プラチナ、レアアースなどが地球1万個分も合成されていることが明らかになりました。このように、重力波と電磁波の観測を組み合わせることで、連星中性子星合体の発見だけでなく、それに伴う重要な現象の解明が行われ、本格的なマルチメッセンジャー天文学時代の幕開けが告げられました。

国立天文台は、電磁波観測だけでなく、重力波観測にも関わっています。岐阜県飛騨市神岡町の神岡鉱山には、日本の重力波望遠鏡ＫＡＧＲＡが建設されています。東京大学宇宙線研究所が主導するＫＡＧＲＡ計画に、国立天文台も主要メンバーとして参加しています。すばる望遠鏡、アルマ望遠鏡は、国立天文台が中心となって建設、運用を進めていますが、ＫＡＧＲＡについては、東京大学宇宙線研究所の事業を支援しています。これも、国立天文台の大事な事業の一つと考えています。

先ほども触れましたが、重力波観測によって、ブラックホール、中性子星合体など、これまでよくわかっていなかった天体現象が初めて観測できるようになりました。現在、世界ではＬＩＧＯと

Virgo の研究グループが運用する3台の重力波望遠鏡が稼働しています。ＫＡＧＲＡの本格運用が始まり、4台での観測態勢が整えば、重力波源の位置決定精度、重力波観測の天球カバー率、感度などが向上します。国立天文台は、重力波が加わったマルチメッセンジャー天文学による天文学の新たな発展に貢献していきます。

アルマ望遠鏡の取り組み

次に南米・チリに建設されたアルマ望遠鏡について述べましょう。アルマ望遠鏡は、日米欧が協力して、建設、運用している国際電波望遠鏡施設です。総建設費は１５００億円で、日本はそのうちの25パーセントを負担しています。現在、アルマ望遠鏡を利用した研究成果の中で、日本人が中心的な役割を果たした論文はほぼ同様の割合で、財政的貢献と得られる学術的リターンが、うまくバランスの取れた状態になっています。

アルマ望遠鏡は、「人類が見たことのない感度と精度を実現する」といううたい文句で建設され、それを文字通り実現しました。アルマ望遠鏡の観測成果は、年々増え続け、その中には長年にわたる天文学の課題を解決できるのではないかと期待されるものもあります。その一つが、遠方銀河の観測です。先ほども触れましたが、天文学では遠くの宇宙を見ることは、昔の宇宙を見ることと同じです。現在、観測されている銀河の最遠記録は、１３２・８億光年先のもので、これはアルマ望遠鏡によって観測されたものです。この銀河は宇宙誕生から約5億年後にできたと考えられていま

表1　遠方銀河ランキング

順位	距離	名称	観測施設	観測者等
1	132.8 億光年	MACS1149-JD1	アルマ	橋本 他 2018
2	132.4 億光年	EGSY8p7	ケック	Zitrin 他 2015
3	132 億光年	A2744_YD4	アルマ	Laporte 他 2017
4	132 億光年	MACS0416_Y1	アルマ	田村 他 2019
9	131 億光年	SXDF-NB1006-2	アルマ・すばる	井上 他 2016

す。この時期は宇宙の中で銀河がつくられ始めた頃です。これより遠くを見ると、だんだんと銀河の数が少なくなり、銀河のない時代へと到達するでしょう。表1の、観測された遠方銀河ランキングを見ると、アルマ望遠鏡とすばる望遠鏡の活躍がよくわかります。

さらに、もう一つの大きな課題が、惑星の形成過程の理解です。地球がどのように誕生し、そこに生命がどのように生まれたのかよくわかっていません。宇宙は時間を巻き戻すことができないので、地球誕生の瞬間を直接見ることは不可能です。しかし、この広い宇宙の中には、今まさに、恒星や惑星が誕生する瞬間の場所がたくさんあります。そのような天体を探し、詳しく観測することで、地球誕生の謎を解くヒントを手にすることができるでしょう。

たとえば、地球から175光年離れたうみへび座TW星は年齢約1000万年の若い星です。うみへび座TW星のまわりには、ガスと塵でできた原始惑星系円盤が広がっています。ハッブル宇宙望遠鏡で観測したときは、うみへび座TW星の中心から80天文単位（約120億キロメートル：1天文単位は太陽と地球の距離で、約1億5000万キロメートル）の場所に隙間があることがわかりまし

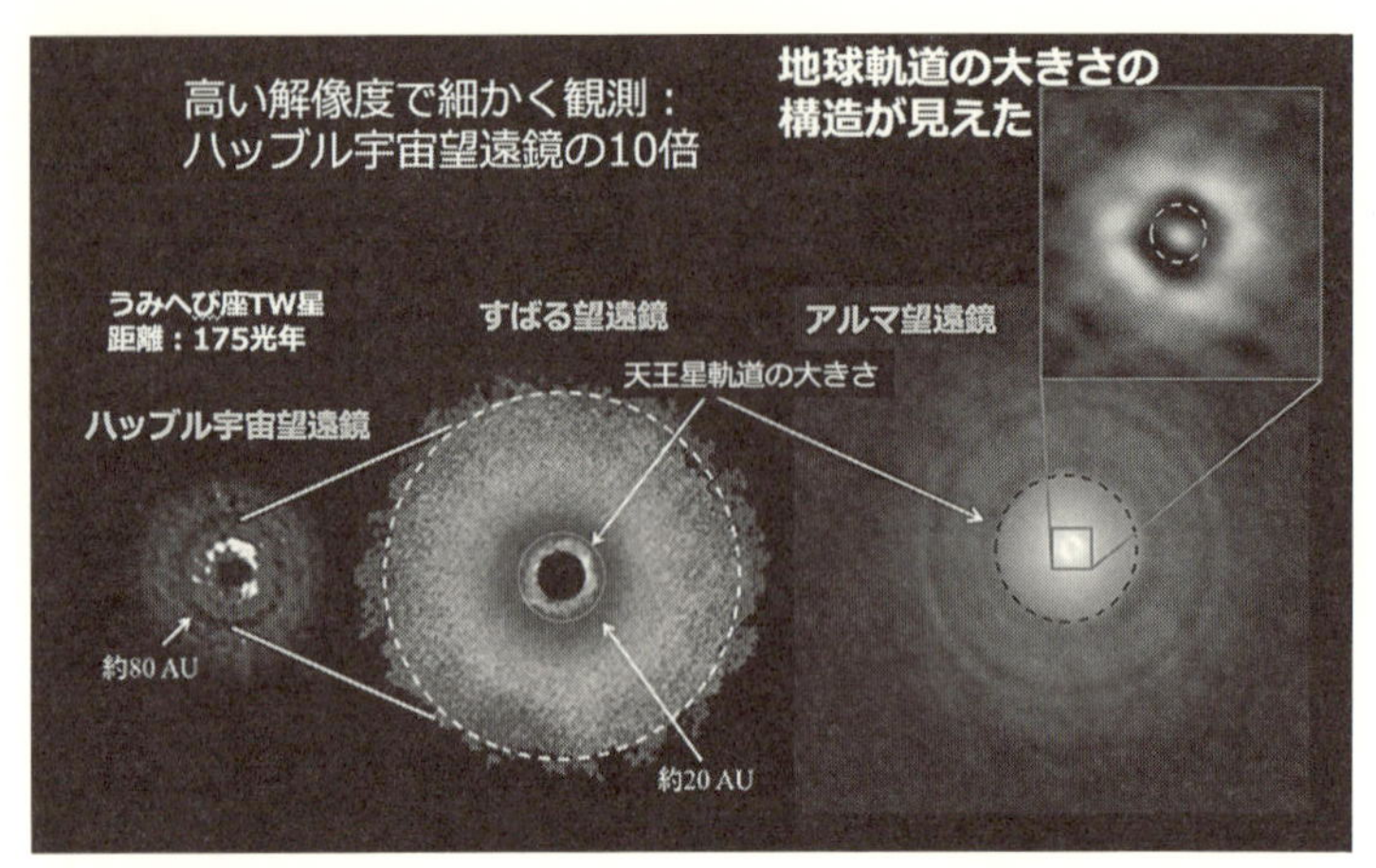

図 11　うみへび座 TW 星の原始惑星系円盤。ハッブル望遠鏡、すばる、アルマと解像度が大幅に向上し、アルマにより、とうとう地球軌道まで分解されている。（ハッブル・すばる 画像クレジット：国立天文台，https://subarutelescope.org/Pressrelease/2015/06/16/j_index.html; アルマ 画像クレジット：S. Andrews（Harvard-Smithsonian CfA），ALMA（ESO/NAOJ/NRAO），https://alma-telescope.jp/news/mt-post_646, licensed under CC BY 4.0）（Tsukagoshi, T. et al.: ApJ. Lett. **829**, L35, 6（2016），Andrews, S et al.: ApJ. Lett. **820**, L40, 5（2016））

た（図11）。この隙間は何でしょうか？　惑星は円盤の塵が集まってできるため、隙間はそこで惑星が形成された証拠ではないかと考えられています。

この惑星系をすばる望遠鏡で観測してみると、ハッブル望遠鏡ではあまりよく見ることができなかった、80天文単位より内側の原始惑星系円盤の様子が観察でき、中心の恒星から20天文単位（約30億キロメートル）の場所に新たな隙間を発見しました。20天文単位は、太陽系では天王星の軌道と同じ大きさです。

さらに、アルマ望遠鏡で観測することで、海王星軌道と同じ45天

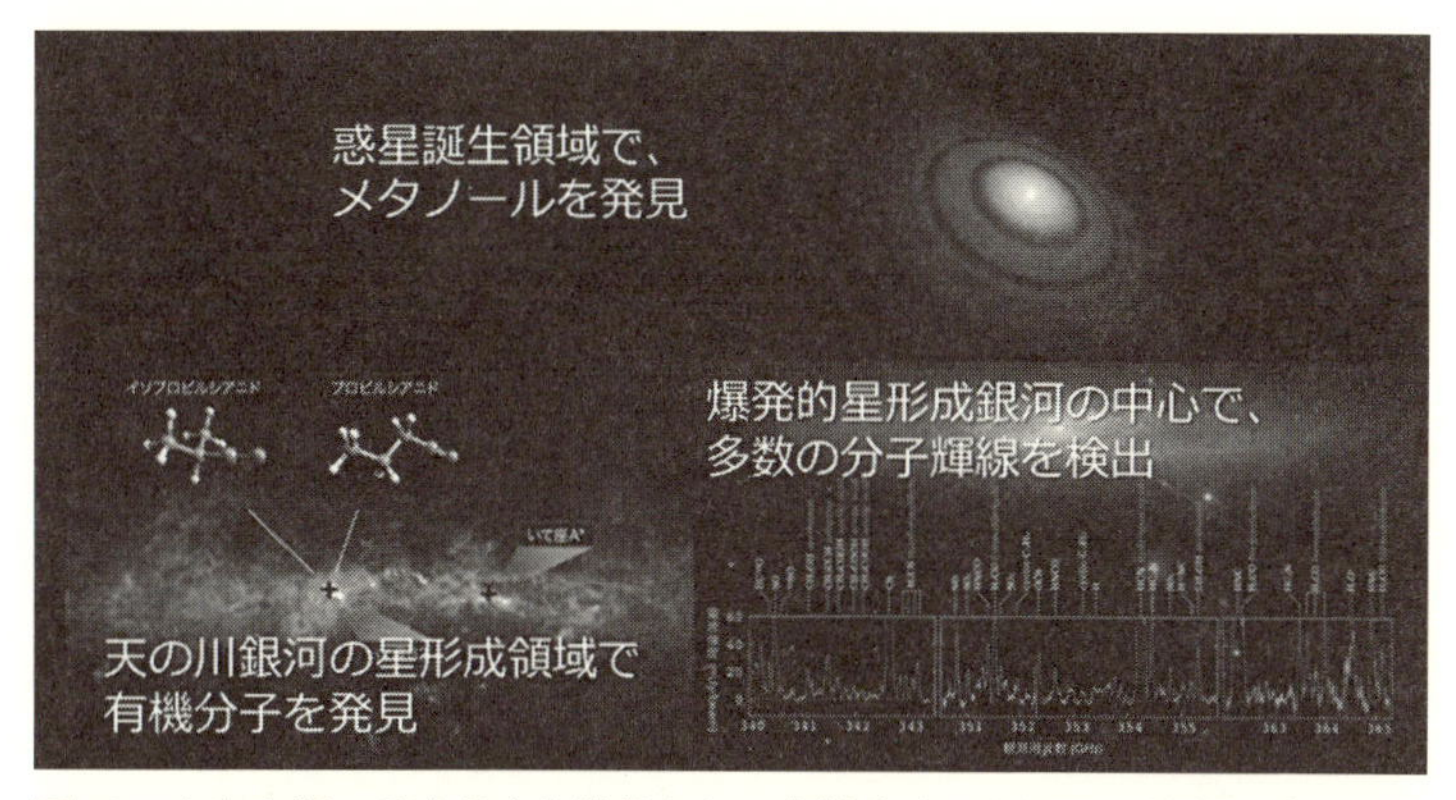

図 12　宇宙空間でぞくぞくと発見される有機分子。上図：原始惑星系円盤でのメタノールの発見（Walsh, C. et al.: ApJ. Lett. **823**, L10 (2016)，画像クレジット：ESO/M.Kornmesser, https://alma-telescope.jp/news/mt-post_659, licensed under CC BY 4.0）。左下図：天の川銀河の中心領域における枝分かれした有機分子の発見（Belloche, A. et al.. Science **345**, 1584 (2014)，画像クレジット：MPIfR/A. Weiß, University of Cologne/M.Koerber, MPIfR/A.Belloche, https://alma-telescope.jp/news/mt-post_564, licensed under CC BY 4.0）。右下図：爆発的星形成銀河の中心で多数の分子輝線を検出（Ando, R. et al.: ApJ. **849**, 81, (2017)，画像クレジット：ESO/J. Emerson/VISTA, ALMA (ESO/NAOJ/NRAO), Ando et al., https://alma-telescope.jp/news/press/ngc253-201711, licensed under CC BY 4.0）。

文単位（約46億5000万キロメートル）と天王星軌道と同じ20天文単位の場所に、惑星の形成を示すような暗い隙間が見て取れます。さらに、太陽系の地球軌道と同じ1天文単位（約1億5000万キロメートル）の場所にも、隙間ができているのが見えます。中心星にこれほど近い位置で惑星形成の現場を確認することができたのは、初めてのことです。望遠鏡の性能を高めることで、現在のアルマ望遠鏡よりもさらに高い解像度で多数の原始惑星系円盤を観測し、惑星の誕生のいろいろな段階とその多様性を直接観測する

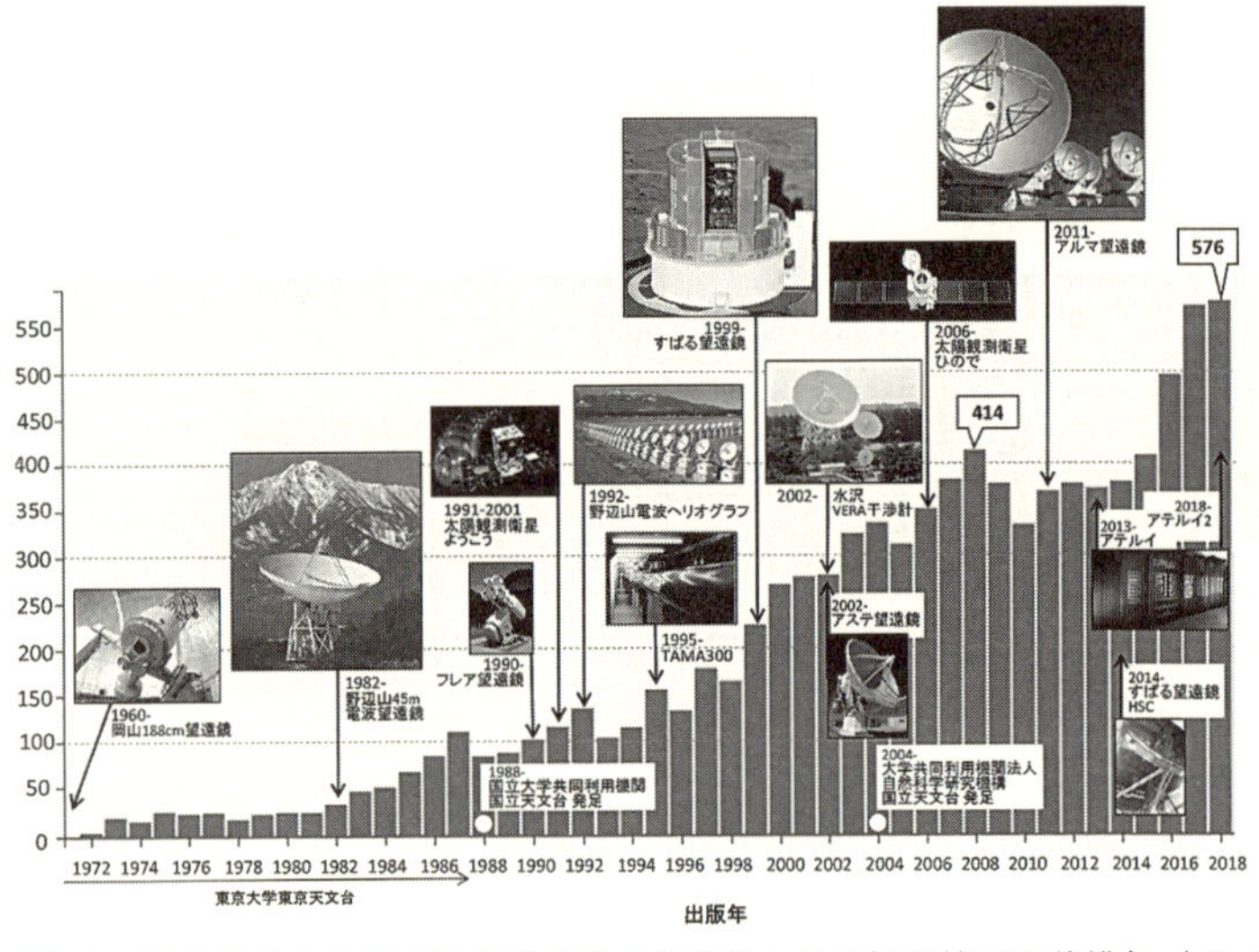

図 13　国立天文台の査読付き論文数の年推移と大型観測施設の稼働年（Clarivate Analytics 社 Web of Science より作成）（画像クレジット：国立天文台）

ことが、２０２０年代の天文学の重要な課題の一つです。

アルマ望遠鏡のもう一つの顕著な成果は、有機物や生命に関係する物質の発見です。惑星の形成領域、天の川銀河の星形成領域などで、たくさんの有機分子がつくられていることがわかってきました（図12）。このように、さまざまな場所で有機物が発見されたことで、生命を構成する物質の起源は宇宙空間にあるのかもしれません。

大型科学施設の生み出す顕著な学術成果

ここまで、すばる望遠鏡、アルマ望遠鏡の観測成果をいくつか紹介してきました。大型観測施設が完成すると、観測成果の刈り取りの時期になります。図13は、国立天文台の査読付き論文数を年ごとにまとめた

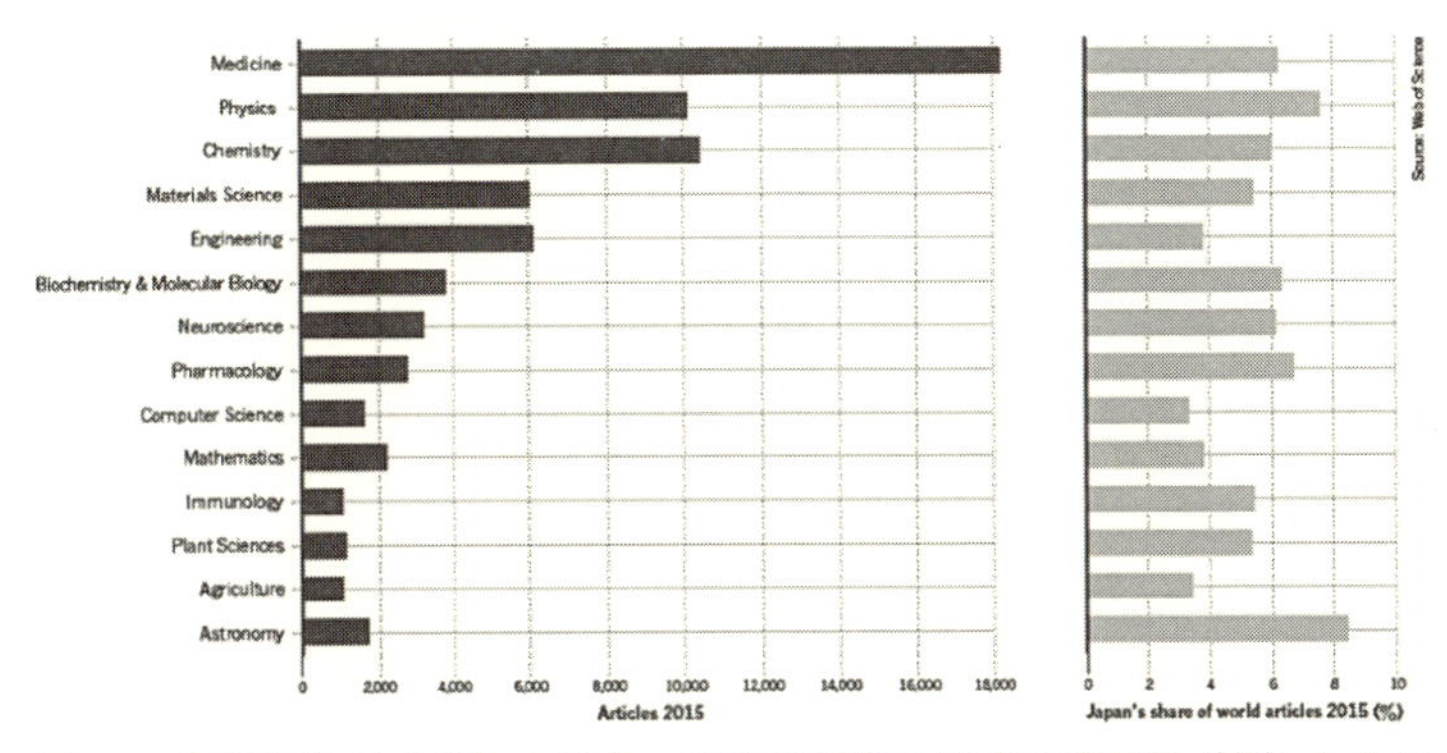

図 14　自然科学 14 分野における、2015 年出版の日本の論文数（左）とその世界シェア（右）。天文学の世界シェアは最高。（Fuyuno I.: “What price will science pay for austerity?” Nature **543**, S10–S15（23 March 2017）https://dx.doi.org/10.1038/543S10a より）

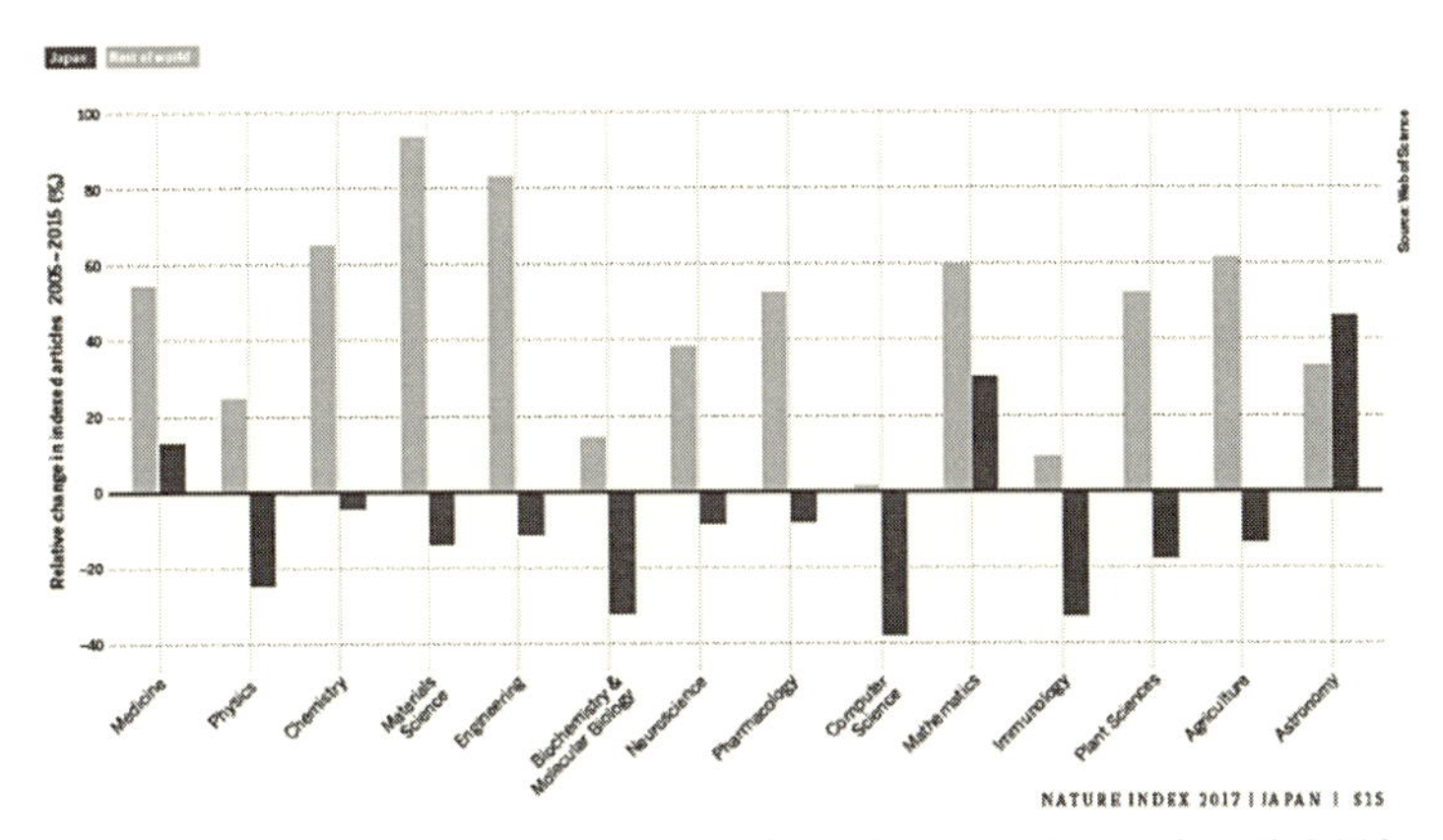

図 15　自然科学 14 分野の論文数推移（2005 年に対する 2015 年の論文増加率）。黒は日本、グレーは世界。天文学分野のみ、日本は世界の伸びを上回る。（Fuyuno I.: “What price will science pay for austerity?” Nature **543**, S10–S15（23 March 2017）https://dx.doi.org/10.1038/543S10a より）

ものです。このグラフを見ると、野辺山45メートル電波望遠鏡、すばる望遠鏡、太陽観測衛星ひので、アルマ望遠鏡など、大型施設がつくられると、その数年後から発表される論文数が多くなっていくことがわかります。要するに、よく練られた大型観測施設がつくられることで、大きな波及効果があるのです。

図14は、自然科学14分野における2015年出版の日本の論文数（左）とその世界シェア（右）です。このグラフを見ると、天文学は14分野の中では論文数の国際シェアが一番高いことがわかります（論文数が一番少ないのは、他分野に比べて研究者の絶対数が少ないためです）。また、図15を見ると、2005年から2015年にかけて、多くの分野で日本の論文数は減少傾向にありますが、天文学分野は増加しています。しかも、増加率が国際水準を上回っています。これを見ても、論文数の世界シェアに限っていえば、日本の天文学の国際的地位はきわめて高いことがわかります。

ただ、大型観測施設を支援する文部科学省の大規模学術フロンティア促進事業予算（フロンティア予算）が、近年、停滞傾向にあります。これは危惧される状態です。図16は、国立天文台の主要プロジェクト予算の推移を示しています。

この中でもすばる望遠鏡の予算に注目すると、この15年間、右肩下がりになっていて、2018年の予算は2004年の3分の1ほどになってしまいました。もちろん、効率化の努力を継続的にしていますが、最近では、老朽化する施設の補修、国際競争力を維持するための新しい観測装置の

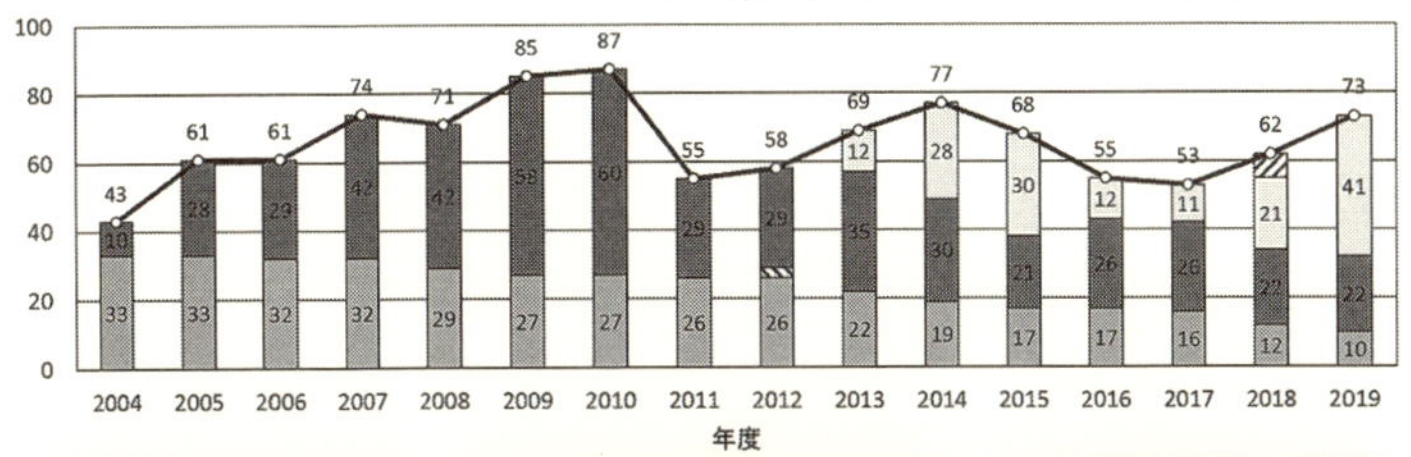

【建設】約395億円
（1991〜1999年度, 9年計画）

【建設】日本負担分 約251億円（2004〜2011年度, 8年計画, 一部受信機は2013年度まで）

【建設】日本負担分 約375億円＋国内経費40億円（2014〜2027年度, 14年間）※予定

図 16　国立天文台主要プロジェクト予算の推移（画像クレジット：国立天文台）

開発ができなくなっています。適切な保守を怠ってきたため、老朽化に伴う故障に加えて、マウナケア山頂の過酷な気象環境、火山活動に伴う地震への脆弱性が増しており、障害発生時の復旧に費やす時間が増えたために、貴重な観測時間が減ってしまうという状況が発生しています。

また、アルマ望遠鏡の建設が終わり、本格運用が始まった２０１３年以降は運用予算がゆっくり縮小しています。このまま進むと、運用予算が息切れしてしまい、すばる望遠鏡の二の舞になってしまうのではないかと危機感をもっています。

天文学では、フロンティア予算が大型観測施設の建設と運用をサポートしつつ、個々の研究者が競争的な研究費により、大型施設を駆使した研究や観測装置の開発を行うというデュアルサポートシステムが、これまできわめて上手に機能していました。たとえば、国立天文台のフロンティア予算がすばる望遠鏡の運用を支え、競争的資金によってつくられたＨＳＣが導入されることで、世界的な大発見がたくさんなされています。国立天文台に限らず、大学共同利用機関は、多くの研究者が利用できる観測装置やデータベースなどの研究基盤を提供し、そのプラットフォームのもとで、個々の研究者が競争的資金で研究を行っています。観測装置を建設、維持するための基盤資金と、個々の研究者が獲得する競争的な資金の両輪がしっかりと回ってこそのデュアルサポートシステムです。フロンティア予算が適切に措置されないと、このシステムが機能不全を起こし、日本の財産である大型施設を基軸とする日本の大学共同利用機関のシステム全体が機能不全を起こしてしまいます。

厳しい財政状況と大型科学施設

それでは、今後も世界的な学術成果を生み出し続けるにはどうすればよいのでしょうか。わが国の財政環境が厳しい中で、学術的な重要性のみを訴えても、国民の理解を得るのは難しいと思っています。政策立案者の方と対話する中で、国立天文台の観測や研究の重要性を理解している方がたくさんいることがわかりました。一方、社会保障費など国が対応せねばならない事項は、基礎的な研究活動の他にもたくさんあります。

私たちにできることは、顕著な学術的な成果を、より効率的に創出し続けることです。そのための一つの方策が国際協力です。近年、特に天文学分野では観測機器の大型化が進んでいます。一つの国や地域だけで進めるよりも、複数の国や地域で協力した方が建設費や運用費が抑えられ、かつ優秀な人材を糾合でき、国の負担を減らすことができます。

また、自ら観測施設の新旧交代を進めることも大事です。国立天文台は多くの観測施設を抱えていますが、歴史的使命を終えつつある観測施設の運用縮小や廃止を継続的・計画的に行っています。さらに、国立天文台のもつ技術的資産を活用して、産業振興など、日本の抱える問題の解決や国の事業に貢献する姿勢が求められていると考えています。産業振興といっても、あまりピンとこない天文研究者もいるかもしれません。しかし、最先端の天文学では、高度な技術がたくさん使われています。国立天文台は天文学の先端研究を推進するため多くの技術開発を行っていますが、天文学の研究者の側に少し視点を変えてもらって、これらの技術が産業の振興や国民の安心・安全にどう貢献できるのか、考えていただきたいと思っています。

たとえば、高感度センサー技術です。感度の高い赤外線センサーは、現在、ほとんど国産化できていません。それを私たちは、一部国産化しようとしています。また、アルマ望遠鏡では、国立天文台で開発した最高周波数の超伝導テラヘルツ受信機により、解像度の高い観測を実現しています。この技術は、大気の微量元素分析による火山活動の予知や非破壊診断などに応用できるかもしれません。このように、天文学で培った技術を他の分野の研究や産業に応用することで、さまざまな分野に貢献することができるのではないかと考えています。

図17は、国立天文台の各観測施設から生み出された論文の数をまとめたものです。すばる望遠鏡

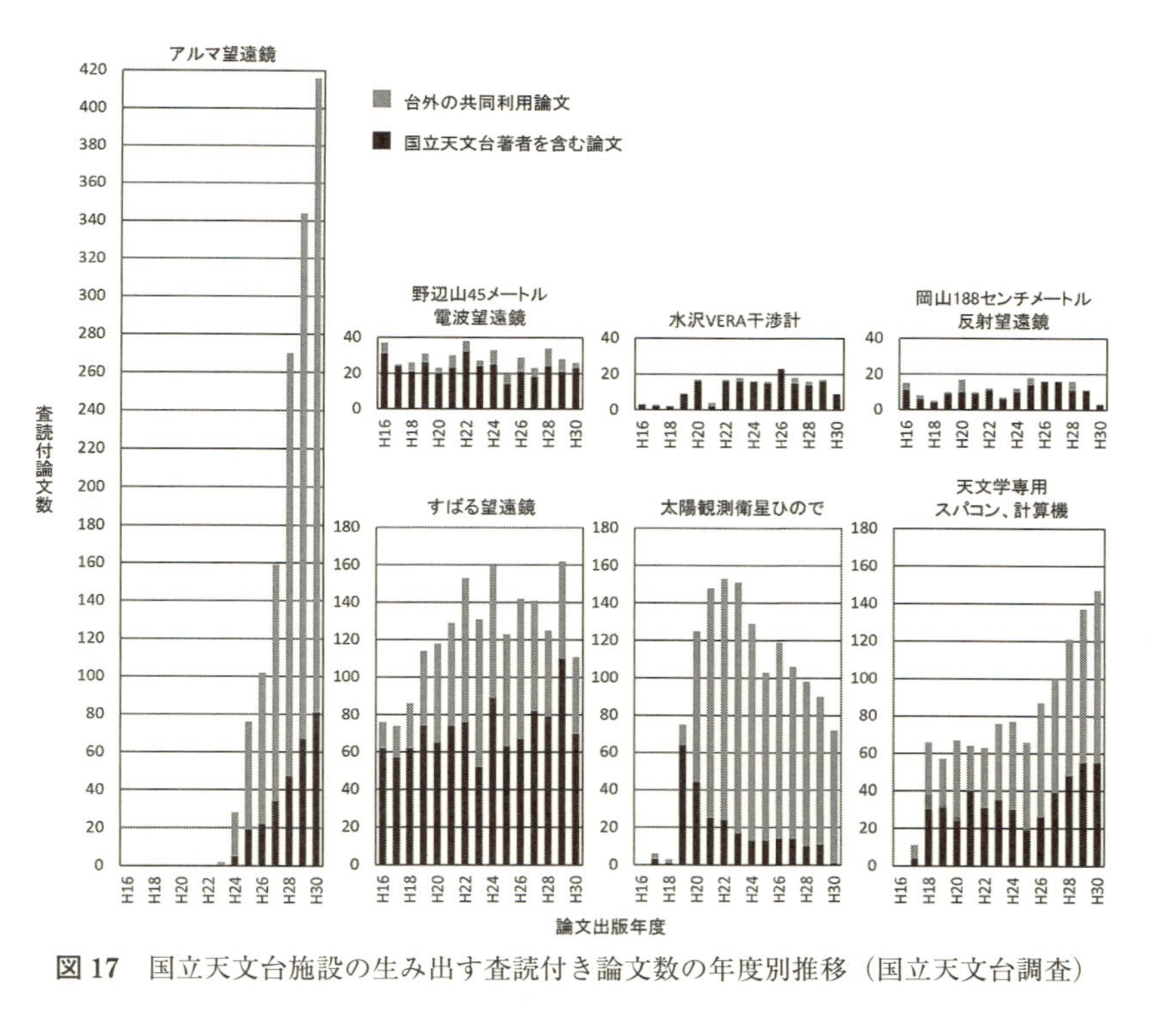

図 17　国立天文台施設の生み出す査読付き論文数の年度別推移（国立天文台調査）

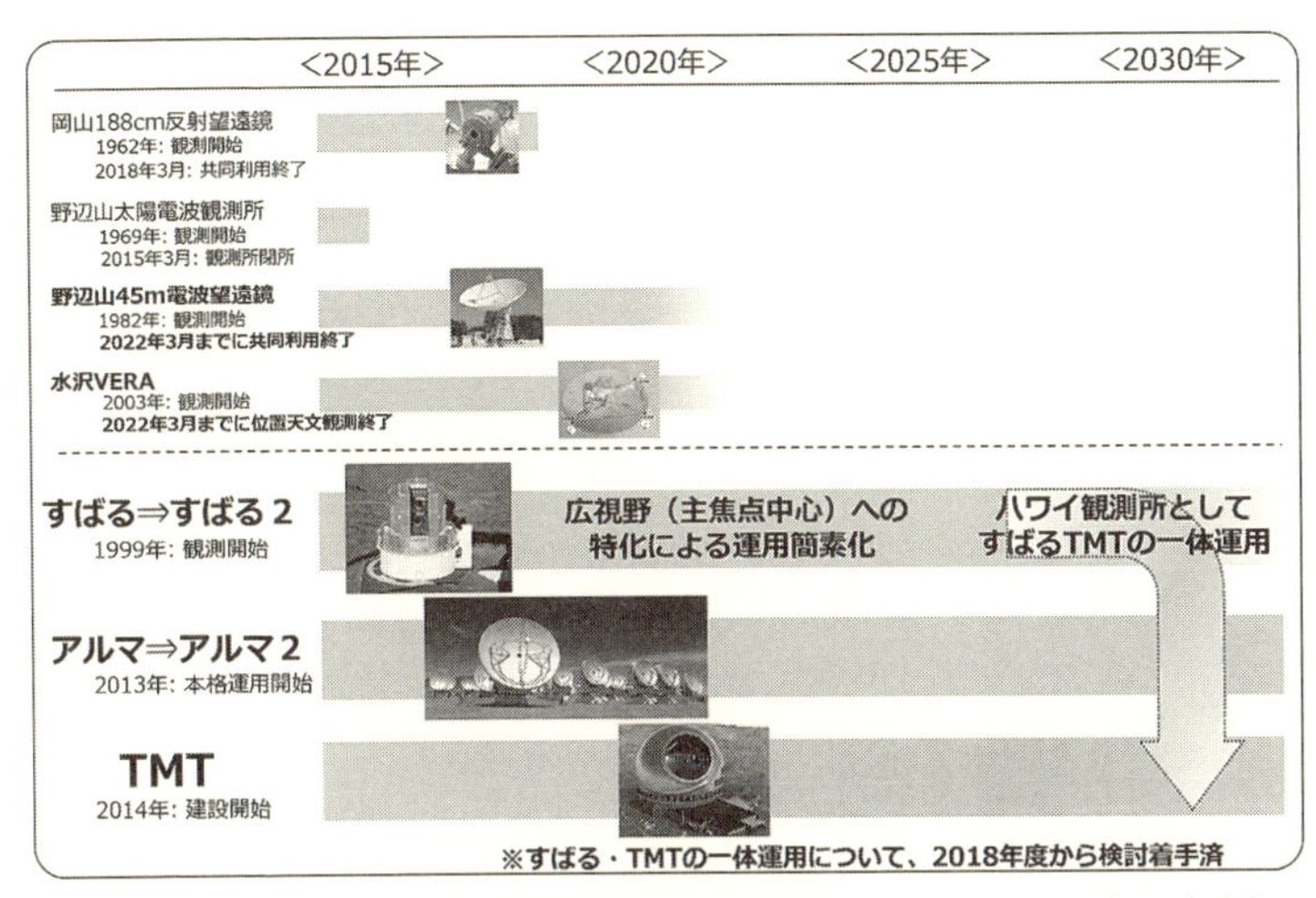

図18　国立天文台の観測施設の新旧交代（画像クレジット：国立天文台）

は、年間に150編ほどの論文は発表されています。平均すると、2日に1回の割合ということになります。アルマ望遠鏡も、1年間で350編の論文が世界中の研究者から発表されています。論文数は、運用経費の充足状況、研究分野の特性や共同利用を行う研究者数、観測開始後の年数などで変わっていくので、あくまで観測施設の生産性を測る一つの尺度ととらえるべきで、状況の異なる観測施設間の比較は意味がありません。一方、建設や運営などに投じている費用と、論文発表などの成果創出を比べ、生産性の下がってきたプロジェクトは、予算縮小を検討する必要があり、各観測施設の論文生産性の長期的なモニターはそのための有効な手段です。

図18は国立天文台のこれまでと今後の観測施設の長期計画を示したものですが、岡山188

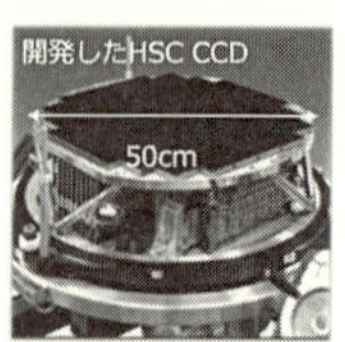

図 19　「すばる」から「すばる 2」（スーパーすばる）へ（画像クレジット：国立天文台）

センチメートル反射望遠鏡は2018年3月に共同利用を終えました。さらに、野辺山45メートル電波望遠鏡は、2022年3月までに共同利用を終了し、予算規模を縮小します。さらに、超長基線電波干渉計（VLBI）という技術を使用して電波源の位置を観測するVERAも同じ時期までに観測を終了します。

　また、大きな成果を挙げ続けているすばる望遠鏡は、今後、得意な超広視野観測に特化して、同じマウナケア山頂に建設するTMTと共同運用を行っていきます。すばる望遠鏡がナビゲーターとして航路を示し、TMTが狙いを定めて圧倒的な集光力で宇宙の新たな姿を描き出し、すばる望遠鏡とTMTとが手に手を携えて、2020年代、さらには2030年代の世界の天文学研究を先導していきます。この2台の望遠鏡の連携は、わが国の天文学の大きな強みとなります。また、2台の望遠鏡の運用の共通化により、運用コストをできるだけ効率化していきます。口径8メートル以上の望遠鏡で、すばる望遠鏡と同じように超広視野観測できるものは、現在、存在しません。唯一のライバルと目されているのは2023年に観測を開始する米国のLSSTです。LSSTは分光能力がないため、2020年代に入っても、すばる望遠鏡の観測能力が世界を牽引することでしょう。このようなよい位置にいることを利用して、すばるからすばる2（スーパーすばる）へ変貌を遂げようとしています（図19）。

現在、すばる望遠鏡は、すばる2への移行期で、HSCが完成し、HSCと同じ超広視野で分光を行うPFSを開発中です。それらに加え、ハッブル望遠鏡の40倍の視野をもつ広視野赤外線観測装置（ULTIMATE）の検討を行っています。遠くにある銀河ほど、赤方偏移により波長が赤外線にシフトしていくため、ULTIMATEによりさらに遠方の銀河をとらえることができます。これらの機器がすべてそろうことで、すばる望遠鏡は2030年代に至るまで世界の天文学をリードできると考えています。

アルマ望遠鏡についても、現在の成果に安住することなく、観測性能をさらに増強してアルマ2（スーパーアルマ）へと移行する計画を立てています（図20）。アルマ2は、天文学のあらゆる分野に貢献をしていきますが、その威力の一例を挙げると、解像度と感度を上げることにより観測距離を伸ばし、地球から600光年までの原始惑星系円盤を1天文単位の解像度で観測できるように計

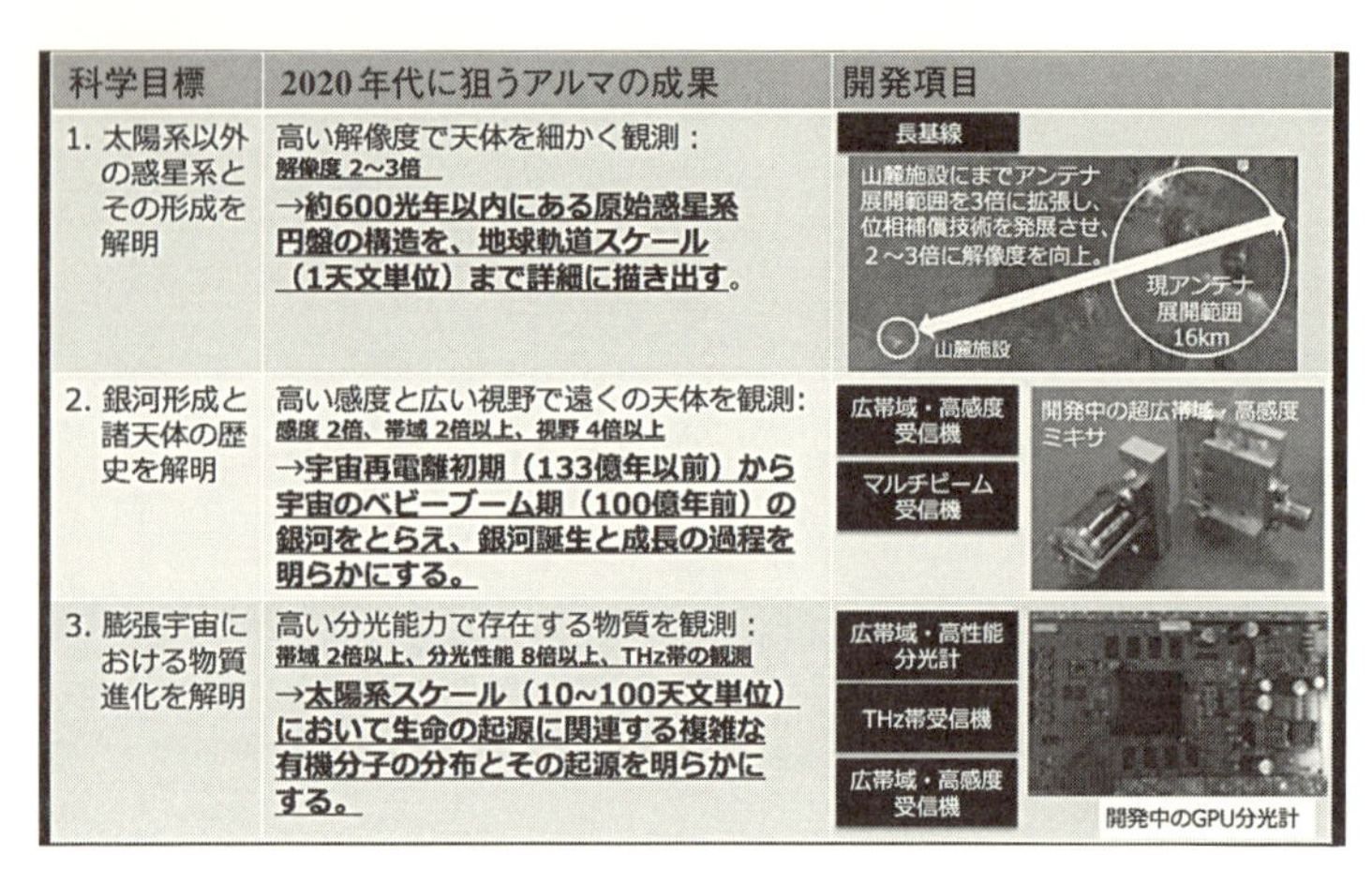

科学目標	2020年代に狙うアルマの成果	開発項目
1. 太陽系以外の惑星系とその形成を解明	高い解像度で天体を細かく観測： 解像度 2~3倍 **→約600光年以内にある原始惑星系円盤の構造を、地球軌道スケール（1天文単位）まで詳細に描き出す。**	長基線 山麓施設にまでアンテナ展開範囲を3倍に拡張し、位相補償技術を発展させ、2～3倍に解像度を向上。 現アンテナ展開範囲 16km 山麓施設
2. 銀河形成と諸天体の歴史を解明	高い感度と広い視野で遠くの天体を観測: 感度 2倍、帯域 2倍以上、視野 4倍以上 **→宇宙再電離初期（133億年以前）から宇宙のベビーブーム期（100億年前）の銀河をとらえ、銀河誕生と成長の過程を明らかにする。**	広帯域・高感度受信機 マルチビーム受信機 開発中の超広帯域・高感度ミキサ
3. 膨張宇宙における物質進化を解明	高い分光能力で存在する物質を観測： 帯域 2倍以上、分光性能 8倍以上、THz帯の観測 **→太陽系スケール（10~100天文単位）において生命の起源に関連する複雑な有機分子の分布とその起源を明らかにする。**	広帯域・高性能分光計 THz帯受信機 広帯域・高感度受信機 開発中のGPU分光計

図 20　「アルマ」から「アルマ 2」（スーパーアルマ）へ（画像クレジット：国立天文台）

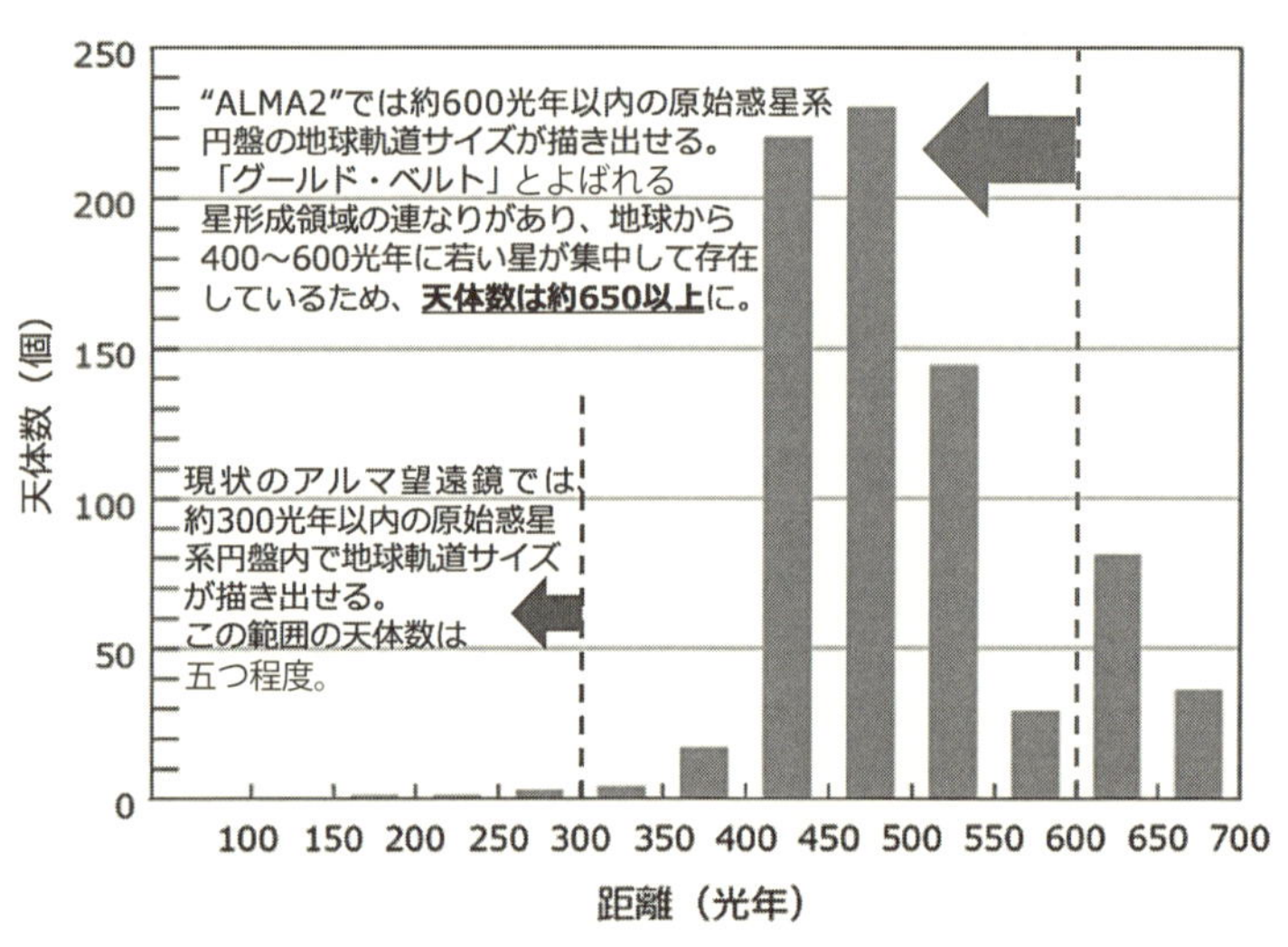

図 21　アルマ 2（スーパーアルマ）での解像度向上の効果

画しています（図21）。原始惑星系円盤は地球から４００～６００光年の範囲に集中していて、観測できる原始惑星系円盤の数は一気に１００倍に増えます。先ほど紹介したうみへび座ＴＷ星では、地球軌道と同程度の1天文単位の構造が分解できていますが、アルマ2では、さらに遠方の多数の円盤についてこのスケールまではっきりと観測できるようになり、原始惑星系円盤の多様性と進化の全貌が初めて明らかとなるでしょう。

さらに、ＴＭＴでは、系外惑星の中でも地球型惑星の直接撮影を目指し、その大気や表面の分光により生命の兆候を探します。また、宇宙で最初に誕生した星や銀河の観測、ダークエネルギーの謎の解明などにも期待が高まっています。

すばる望遠鏡、アルマ望遠鏡の活躍に見られるように、大型観測施設の科学的生産性はきわめて高いものがあります。今後、ＴＭＴ、すばる2、アルマ2といった魅力的な観測施設を、国際協力によって着実に建設し、観測性能を発展させることで、天文学はさらに発展していきます。現在、天文学研究は基礎物理学、生命科学などの関連分野にすそ野が広がっています。アストロバイオロジーなど、新しい研究分野の発展に力を入れることで、周辺分野も巻きこみながら、研究が盛り上がっていくと思います。国立天文台は、大学共同利用機関としての責務を自覚し、大型観測施設の共同利用により、大学などとのデュアルサポートをしっかりと機能させていきます。

Q&A

質問　すばる望遠鏡、アルマ望遠鏡、TMTと大きなプロジェクトが続いていく中で、施設の数と規模に見合う天文学者がいるのでしょうか。日本の天文学者の数が少ないと、大型観測施設を建設しても、十分に成果が得られるのでしょうか。また、大型観測施設を提案し続けないと、基礎科学に研究費が十分に入ってこなくなる、という状況に陥っているのではないかと心配しています。つまり、大型観測施設を次から次に提案しないと、基礎科学の研究者の雇用が十分に確保されずに、落ちついて研究できないような状況が発生しているのではないかと感じるのですが、どのようにお考えでしょうか。

常田　このご質問は、非常に大切なものです。いくつかの論点がありますが、まず、大型施設をつくりすぎてはいないかというご懸念に対しては、アルマ望遠鏡は約25パーセントの出資で、日本からの論文もほぼ同じ割合で出版されています。すばる望遠鏡の場合は、年間150編の論文が発表されていて、観測したが論文にはならないというケースは非常に少ないです。アルマ望遠鏡もすばる望遠鏡も、開発運用のための投資と論文としてのリターンのバランスが非常によく取れています。

これは、日本の支出できる予算の規模と、日本の先端技術により世界で1台の観測施設に貢献できる規模、そして施設の完成後は日本の天文学者がその観測装置を使って活躍するレベルのバランスが取れているということを意味しています。今後、国立天文台はＴＭＴを建設していきますが、すばる望遠鏡とＴＭＴは、それぞれ得意な能力を組み合わせて科学目標の達成を目指す、相補的な関係にあります。ＴＭＴ計画は、これまでの国立天文台による大型施設の着実な建設運用の実績の上に構築されており、身の丈に合った計画となっています。

研究者の生産物は、論文です。今回お話ししたように世界で1台しかないような大型観測装置が生み出す学術成果には、顕著なものがあります。世界は、日本に対してお金でなく、技術的貢献や国際的な連携での科学研究に期待しています。科学の国際協力を積極的に進めることで、私どもの事業規模を日本の財政状況と整合させつつ、世界における日本の存在感をもっと強めてきたいと考えています。

質問　国の経済情勢が厳しくなる中で、基礎科学の重要性を理解してもらうにはどうしたらよいとお考えですか。

常田　これまで、私たちは「学術が大事だ」、「自分の研究所は成果を挙げている」、「世界の中で日本の科学が活躍するには、このような設備が必要で、お金が必要だ」というような表現をして、研究費を出してもらっていました。私たちの中には、「当然、認めてくれるだろう」という意識がどこかにあったのかもしれません。今までは、この方法で認められていたのですが、日本の置かれている状況によって、これが急速に難しくなってきました。この状況で、「今までの私たちのやり方がいけないのではないか」、「国民や政策決定者に対応するアプローチが不足しているのではないか」といった意見が出てきていますが、従来の一方向的な発信でなく、基礎科学の推進により国の課題を同時に解決していくような、科学と政策にまたがる双方向の対話が必要だと考えています。

2-3 「多は異なり」とスモールサイエンス

前野悦輝

スモールサイエンスとビッグサイエンス

物理学にはさまざまな分野があります。分野の分け方にもいろいろとあるのですが、大型の観測装置や実験装置を使うビッグサイエンスと、そのような装置は使わないスモールサイエンスという分け方があります。私の研究分野はスモールサイエンスですので、その分野について基礎科学の発展に重要なポイントは何かという視点でお話しします。

スモールサイエンスは、研究室単位で分散的に行われる研究開発分野です。ビッグサイエンスは、投資額が大きく、プロジェクトの選定作業がとても大切になります。最近、ヒッグス粒子や重力波などが発見され、世界的な話題になっています。私から見ると、ニュートリノ科学も含め、世界的に見てビッグサイエンスはなかなかよく練られていて、結構よく当たっているなという印象があります。

日本の予算では、ハワイの「すばる」望遠鏡、チリの大型電波望遠鏡「アルマ」、大型加速器施設「J-PARC」、重力波望遠鏡「KAGRA」、ニュートリノ研究の「スーパーカミオカンデ」、大型加速器「スーパーBファクトリー」など、さまざまなビッグサイエンスに取り組んでいます。

たしかに、ビッグサイエンスに取り組むことでたくさんの論文が発表されます。図22は2017年のノーベル物理学賞の対象になった重力波発見の論文です。2016年1月に投稿されて2月に出版され、その翌年にノーベル物理学賞を受賞したということで、誰が見ても重要な成果です。この論文は全16ページですが、3ページにわたって著者の名前がずっと並んでいます。その後も2ページ、著者の所属先の記載が続いています。論文リストも長いので、論文の本文とそれ以外のリストが同じ程度の長さがあります。

それに対して、スモールサイエンスの代表として高温超伝導の発見を紹介しましょう。これも論文発表の1986年の、翌年1987年にノーベル物理学賞を受賞しています。しかし著者はベドノルツとミュラーの二人だけです。また、iPS細胞の発見も、スモールサイエンスです。iPS細胞の実験成果を詳細に報告した論文の著者は高橋和利と山中伸弥の2名です。これもとてもすごい発見ですが、それでも2006年に発表してノーベル医学・生理学賞が与えられたのは2012年と、受賞までに6年かかっています。

さらに、2018年のノーベル医学・生理学賞は本庶佑らに贈られました。本庶は、がんの新しい治療法である免疫療法の開発に寄与したことが評価されて、今回の受賞につながりました。本庶の発見した免疫細胞の一種であるT細胞の表面に存在するたんぱく質PD-1が大きな働きをしています。このPD-1が発見されたのは1992年で、その論文の著者は4名でした。その後の研

PRL **116,** 061102 (2016) | Selected for a Viewpoint in *Physics* PHYSICAL REVIEW LETTERS | week ending 12 FEBRUARY 2016

Observation of Gravitational Waves from a Binary Black Hole Merger

B. P. Abbott *et al.**

(LIGO Scientific Collaboration and Virgo Collaboration)

(Received 21 January 2016; published 11 February 2016)

(a) 論文の冒頭（p. 061102-1）

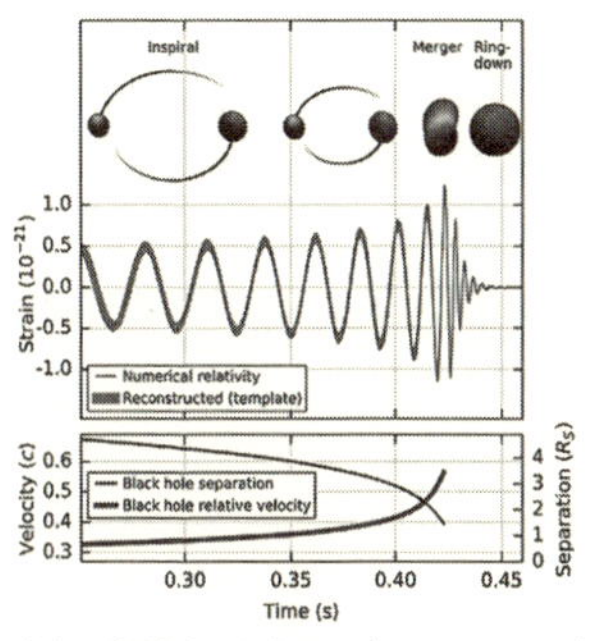

(b) 発見を示す図（p. 061102-3）

(c) 著者ページ（p. 061102-11～13）。「B. P. Abbott,[1] R. Abbott,[1] T. D. Abbott,[2]…」と著者名が列挙された後、所属が2ページ半にわたって続く。

図 22 ビッグサイエンスの例。重力波発見を報告する論文。Phys. Rev. Lett. 116, 061102 (2016) より。著者の名前と所属のリストだけで5ページにわたる。

究により、本庶は1999年にがんの治療に役立つのではないかと気がついたそうです。そして、2000年代に入ってからブレイクスルーを重ね、がん治療薬へと結びつくわけです。

ノーベル医学・生理学賞の選考委員長を務めたアンナ・ベデルは、「基礎科学が、予想していなかった臨床医療につながるという美しい例だ」と本庶の功績を讃えます。本庶は、ノーベル賞の授賞式を終えて、日本に帰って来てからの記者会見で、「日本は、応用研究を進めるのではなく、基礎科学にお金をばらまくべきだ」という趣旨の発言をしました。

本庶のいうように、もちろん、ばらまき方にも限度があります。合計1億円を1億人にばらまく、つまり一人あたり1円の研究費を与えても、何の効果もありません。かといって、1億円を一人にあげてもあまり得策ではありません。せめて10人に1000万円ずつ配って10の可能性を追求した方が一つのものに賭けるよりも、成功する可能性が上がります。

この考え方は物理学にも当てはまります。私は、ビッグサイエンスとスモールサイエンスの両方がないと、科学は進歩しないと考えています。本庶のばらまき発言は、研究者が聞くとしっくりきますが、一般の人にとってはわかりにくい面があると感じています。1億円というと金額が大きすぎて想像しにくくなるので、100万分の1にスケールダウンしてみましょう。そうすると、総額100円の予算を10人に配ることになります。10円は、観光地などにある射的ゲームのコルク弾が1個買える金額です。棚には標的となる箱が並んでいて、撃ち落とせば中の景品をもらえます。コルク弾を射撃の名手に配れば、景品が多く入っていそうな10個の箱を確実に落として、世界的

(a) スモールサイエンス。コルク弾1個10円の射的ゲームでは、たくさんの標的のどれを狙うかは個人の好み。箱の中からどんな宝が出てくるかはわからない。的に当たらず、横の葉っぱに当たって悲しんでいたら、そこからダイヤモンドが出てくるかも。

(b) ビッグサイエンス。大きなターゲットは見えているが、地面にある重い球をどうやって的に当てるか。(以下のサイトから、規定に従って一部画像を加工の上転載。https://www.flickr.com/photos/jjbers/40484016341)

図23 基礎研究への予算配分と標的ゲームのたとえ

に有名な学術雑誌に論文をたくさん掲載してくれるかもしれません。しかし、それで世界の枠組みを変えてしまうほどの大発見ができるでしょうか。それは誰にもわからないのです。できるかもしれませんし、できないかもしれません。

むしろ、いろいろな狙いをもった10人くらいの人に弾を配って、打ってもらった方が、さまざまな研究成果が出てきます。中には、箱に当たらずにそれてしまうものもあるでしょう。しかし、それた弾が葉っぱの裏に隠されていたダイヤモンドに当たる可能性もあるのです。それは、まだピカピカ光っていなくて、多くの人はダイヤモンドと気づかずに、ただの石ころとして見過ごしてしまうものだったりします。しかし、当たったものの価値をしっかりと評価でき、みがき続けることができる人であれば、世界があっと驚く画期的な成果につなげられるはずです。そのような可能性のある人たちを選び、一定の額よりも大きな研究費をばらまけば、バラエティに富んだ研究成果が発表されることになるでしょう。スモールサイエンスは、このような姿勢が大切なのです。

それに対してビッグサイエンスは、すでに目の前にある大きな的に、巨大な球を当てるようなものだと思ってください。ターゲットはすでに目の前にあるので、何を狙うのかはとてもわかりやすいです。しかし、コルク弾が当たったくらいではびくともしません。それこそ、1万円かけてとても重い球を確実に当てる必要があります。当たれば大きな発見ができるとわかっているのですから、1万円投資する価値は十分にあります。最近では、それぞれのプロジェクトが吟味を重ねられ、十分に練られているので、予算がつけば重い球を決められた場所に確実に当てることに、全勢力を集中させます。これが、物理学から見たビッグサイエンスの一つの側面です。

科学の階層構造と「多は異なり」

さて、スモールサイエンスとビッグサイエンスのアプローチの違いを表現する特徴的な概念に「More is Different（多は異なり）」と「The theory of everything（万物の理論）」があります。「More is Different」という言葉は、プリンストン大学のフィリップ・アンダーソンによるものです。アンダーソンは、1977年に「磁性体と無秩序系の電子構造の研究」でノーベル物理学賞を受賞しました。そして、2002年に東京大学名誉博士第1号が贈られていますが、「More is

Different」は、2002年12月の記念講演会のテーマにもなっています。

「More is different」を「多は異なり」と訳したのは、福山秀敏です。「たくさんあるとふるまいが違う」ということを「多は異なり」という端的な訳語にしたセンスには感服します。この言葉は、まさにスモールサイエンスのスタンスをひと言で表しています。

それに対して、ビッグサイエンスは、万物の理論を完成させるための取り組みといえます。万物の理論とは、どういうことでしょうか。現在の物理学のメインストリームを貫いているものは、還元論ともいえる考え方です。われわれのまわりの物質は、すべて原子や分子でできています。その原子や分子の内部を見ていくと、原子核と電子でできていて、原子核は陽子と中性子からできているというように、どんどんと小さな構造に分解して還元できます。そして、これ以上、分解できないものとして考えられているものが素粒子とよばれているものです。

この素粒子研究の分野で、1988年にノーベル物理学賞を受賞したのが、レオン・レーダーマンです。レーダーマンは、「私が生きているあいだに、物理学のすべてを一つの式でエレガントに、Tシャツに収まるくらいに書き下せるのを見届けたい」といっています。素粒子はとても小さなものですが、宇宙を構成する重要な要素です。宇宙に存在する素粒子とその性質、それらに働く力の性質を知れば、それらを足し合わせることで宇宙全体がわかると考えられています。つまり、現代の物理学は、宇宙を構成するすべての要素を理解して、それを足し合わせることで宇宙全体を理解していくという方向性で研究が進んでいます。その基本が、複雑なものごとを根本的なものにおき換えて理解していく還元論的な考え方なのです。そして還元した先の究極の知識が基礎科学として最も高い価値をもつという考え方です。

これに対して、アンダーソンが唱えたのが「多は異なり」という考え方です。アンダーソンのこの主張は、1967年のカリフォルニア大学サンディエゴ校での講演を基に、アメリカの科学雑誌『Science（サイエンス）』に1972年に掲載されました。この主張は、「膨大な数の電子や原子核からなる物質を理解するには、個々の構成粒子に対する物質法則とは異なる概念が必要である」ということです。アンダーソン博士は、1個の電子の性質がわかっても、物質全体の性質がわかったことにならないというのです。つまり、電子、原子核、そしてそれらが集まった原子、たくさんの原子がつくる物質、さらに生体のふるまい、というように、それぞれの階層での概念があり、その多様性や普遍性は、要素還元論的に導かれるものでは決してありません。したがって各階層での意外な現象の創発（エマージェンス）を支配する法則や概念の探究にも、知的独立性と本質的な価値があります。どの階層の研究が「より基礎的な科学か」とさえ断定できないのです。

物理学でいえば、たくさんの粒子の集合体を扱う学問は物性物理学で、物質の構成要素を扱う学問は素粒子物理学となります。アンダーソン博士の主張は1960年代後半のもので、時代は少し古いのですが、当時は、固体物理学を追究していったら素粒子物理学に還元されていくという考えがありました。そうしたら、究極的には、素粒子物理学を追究することが基礎科学として最も価値のあることなのかという疑問が生まれます。あるいは、素粒子物理学がわかったとしても、固体物理学はわからないのでしょうか。

もちろん、素粒子物理学はとても大切な学問です。そこに疑問の余地はありません。しかし、素粒子物理学だけで、物理学すべてを理解したことにしてよいのでしょうか。人間が自然科学を理解したことになるのでしょうか。もちろん、答は「ノー」です。それぞれの階層で特有の物理現象がありますし、その普遍性は還元論では語ることができません。

この典型的な例は超伝導です。超伝導とは、特定の物質を極低温状態にしたときに電気抵抗がゼロになる現象です。超伝導が起こることは、一つひとつの原子や電子をどれだけ研究しても、予想できなかったでしょう。物質として研究することで初めて遭遇できた現象です。超伝導は、加速器をつくるためにもとても重要なもので、超伝導マグネットがないと、現代の加速器をつくることはできません。そういう意味では、超伝導現象が発見されていなければ、ヒッグス粒子などの素粒子も発見できなかったわけです。

それぞれの階層ごとに発生する現象には多様性があり、同じ物理法則に従いつつも、各階層で予想外の現象が起こります。つまり、要素還元的に、それぞれの要素のことがわかったとしても、物質としての階層で見たときに、予想外の現象が発生します。そのような現象は前もって予想することはできないものです。この予想できない現象を探すことは、スモールサイエンスの目的の一つでもあります。また、基礎科学にとって、どの階層が特別大事なものということはありません。つまり、スモールサイエンスの推進にはバランスのよい投資が必要です。

ヘーゲルのらせん的発展と基礎科学の進歩

2015年に硫黄と水素の化合物に超高圧をかけると、氷点下70度という、身近なドライアイスよりも高い温度で超伝導になることが発見されました。この発見の論文を解説する『Nature（ネイチャー）』誌のコメント記事で、マジンが18世紀の哲学者ヘーゲルの「らせん的発展」という考えを使って基礎科学の発展を論じています。

図24　マジン（Igor Mazin）博士と著者

この考えを簡単な例*注でお話しすると、人間はもともと話し言葉しかもっていませんでした。しかし、文字が発明されたことで、やがて手紙で情報を交換するようになります。そして、電話が発明されると、電話の方が便利なので、電話を介した話し言葉でのコミュニケーションが活発になります。ところが、最近は、電話よりも電子メールやSNS（ソーシャル・ネットワーキング・サービス）での情報共有の方が盛んです。このように振り返ってみると、人間の主なコミュニケーションツールは、話し言葉と文字を行き来していることがわかります。ただし、文字でのコミュニケーションに戻ってきたといっても、手紙と電子メールでは形式がまったく違います。単に、話し言葉と文字の二元論ではなく、話し言葉と文字を行き来しつつも、らせん階段を上るように生まれ変わりつつ発展しています。

実は、スモールサイエンスの歴史をひも解くと、手紙と電子メールの関係と同じような形で発展してきたことがわかります。超伝導の研究にもこれが当てはまります。超伝導は１９１１年に水銀を極低温に冷やすことで発見されましたが、多くの科学者は、より高い温度で超伝導現象を起こす物質を探してきました。そして、２０１５年11月に、硫化水素に超高圧をかけると、摂氏マイナス70度で超伝導になる研究論文が発表されました。高温超伝導の世界記録を更新したのです。この研究は、ドイツの研究チームが中心となって進めましたが、大阪大学の清水克哉のグループも共同研究者として貢献しています。

水銀で初めて超伝導現象が発見されて以来、数多くの超伝導物質のメカニズムは原子の振動の助けで電子同士が対をつくるというものでした。これを従来型ペアリングともよびます。ところが冒頭で述べた、スモールサイエンスの代表といえる銅と酸素を含む物質での高温超伝導の発見では、それまでの超伝導とは違うメカニズムで電子が対をつくることが明らかになりました。この発見以来、高温超伝導体を探すには銅酸化物のようなエキゾチック・ペアリングを起こしそうな物質で研究が進められてきました。ところが、硫化水素の高温超伝導のメカニズムは、実は昔ながらの低温超伝導体と同じだったのです。しかし、水素を使ったことで原子の振動の点で超伝導にすこぶる有

＊注　http://shohei31.com/hegel1 を参考にしました。

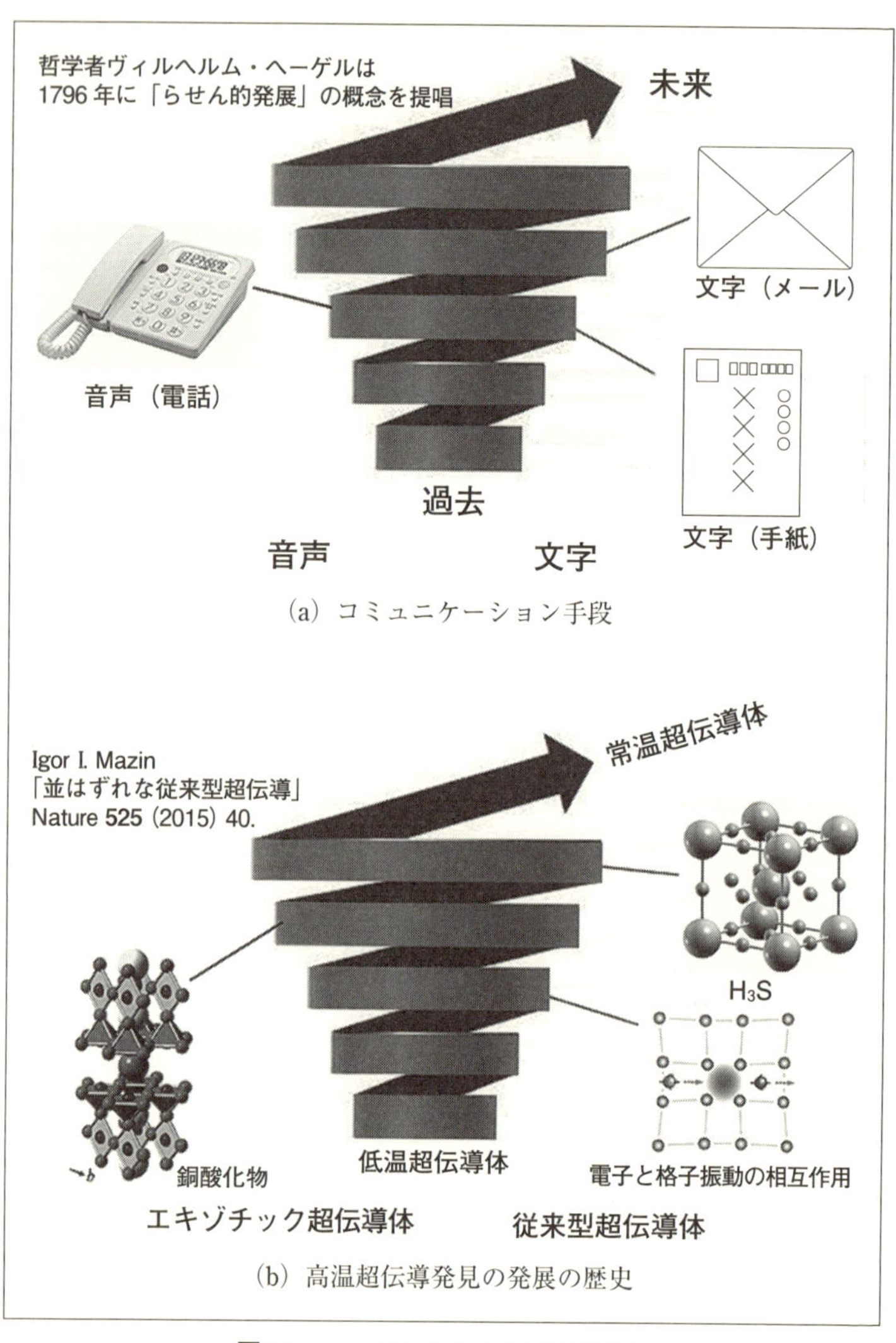

(a) コミュニケーション手段

(b) 高温超伝導発見の発展の歴史

図25　ヘーゲルのらせん的発展の例

利な物質をつくることができたのです。次には室温で超伝導現象を起こす常温超伝導の実現を目指す研究がいよいよ現実味を帯びています。常温超伝導が、従来型かエキゾチック型か、あるいはまた別のメカニズムで発見されるのかはわかりませんが、実現する日は遠くないでしょう。

何を目指して研究するか

ここまでスモールサイエンスに関わる考え方をいろいろお話ししてきましたが、それでは基礎科学の推進に必要な環境とはどういうものでしょうか。まず、私の持論として、「重要な」研究よりも、「おもしろい」研究をテーマとして選ぶ方が、勢いのある研究が生まれ、基礎科学研究の大きな発展にもつながる成果につながると信じています。そのような研究を可能にする環境が重要と考えます。

図26　近藤淳博士と著者。2010年6月、傘寿のお祝いにて。(関係者の許可を得て掲載)

超伝導と並ぶ固体物理の難問を解く近藤効果を発見した近藤淳博士は、1990年に電子技術総合研究所(現在の産業技術総合研究所)を退官するときに、若い人たちに向けて、私と同じようなことを話されました。私は嬉しくなって、後年、本人に確認したところ、「のめり込んでいけるようなテーマに出会うのが大切ですね」といわれました。私の切なる希望としては、のめり込むための毎日の研究時間の確保が必要です。

現在、大学や研究所では研究費がないという問題がクローズアップされています。しかし、実際はお金だけでなく、研究のための時間も少なくなっています。研究費も必要ですが、研究時間の確保も必要なのです。今は、研究者が研究にのめり込めるだけの時間がありません。時間も欲しいと切に思います。

基礎科学を研究する指針をしっかりとまとめている人がいます。大阪大学で教授を務めていた長谷田泰一郎は、１９８６年に日本物理学会誌に「スモール・アンド・インディビデュアルサイエンスのすすめ」という文章を書いています。実は、硫化水素の高温超伝導体のところで登場した清水は、長谷田が始めた研究室を引き継ぐ3代目の教授です。この文章のポイントは三つあります。一つ目は、よい仕事をしようと思わないで、おもしろい仕事をしよう。二つ目は、第一線の仕事と一流の仕事は違うということ。第一線の仕事はよい仕事であっても、そこから真に一流の仕事が生まれるとは限らないということです。一流の仕事はおもしろい仕事から生まれるとも述べています。

そして、三つ目は、これはちょっと理解しにくいかもしれませんが、実験は妖気漂うものでなければいけないといっているのです。「妖気」というのは、怪しげな気配ということです。文字通り受け取ると、怪しいものに取り組んだ方がよいということになります。ただし、文章には続きがあります。ここもとても大切なポイントですが、実験結果などの解釈は「ウルトラ・コンサバティブに努めよう」といっていて、とても保守的というか、慎重にしましょうともいっているのです。

つまり、少し怪しい要素があって、たとえ成功が保証されていなくとも、それに飛び込んで実験をして、その結果を慎重に解釈することが、ブレイクスルーにつながるであろうということです。ここで実験結果を自分の都合のよいように解釈してしまうと、科学でなくなると長谷田は警告しています。（筆者による追記：small science が little science（ほとんどサイエンスのないもの）になってしまいます。）

電子が凍る物質

近年の物性物理学で、銅酸化物の高温超伝導やマンガン酸化物の巨大磁気抵抗などを生み出す舞台として盛んに研究されてきたのはモット絶縁体という物質群です。モット絶縁体は、電子をたくさんもっていて、電流がたくさん流れてもよいはずなのに、隣り合っている電子同士が強く反発し合っている影響で、電流を流さない絶縁体となっています。これは凍った川のように、電子が凍っていて動かない状態にあるわけです。しかし、このモット絶縁体には、もともとたくさんの電子があるので、少し刺激を加えると、トロリと溶けた電子液体による電流が流れるようになります。このような電子液体がエキゾチックな高温超伝導などを示すのです。

私たちの研究グループは、最近、典型的なモット絶縁体であるルテニウム酸化物の結晶に数ミリアンペアの小さな電流を流すだけで、高温超伝導体に迫るほど大きな反磁性が現れることを発見しました。小さな電流を流すことで、ルテニウム酸化物の凍った電子がトロリと溶けて、反磁性体として有名なビスマスなどのような半金属と似た状態になったために、磁性が反転して、巨大反磁性が現れたと理論的にも説明がつきました。しかも、この物質の電子が溶けたときには、結晶自体が目に見えるほどにも縮むので、とてもおもしろいのです。このような研究の方が、私たちも力が出ます。

この現象を発見するきっかけをつくったのは、現在、久留米工業大学の中村文彦です。中村は結晶などに金属をコーティングする卓上イオンコーターという小さな機械で、モット絶縁体の結晶に金をコーティングしようとしていたのですが、何度やっても結晶が壊れてしまったのです。実は、イオンコートの際のプラズマの影響で、絶縁体が金属に変化して結晶の大きさが激変して壊れてしまっていたのです。彼は、それを見逃さず研究を続け、私たちと共同研究するようになりました。

モット絶縁体の電子を溶かす方法として、絶縁体の元素の一部を入れ替えたり、高温や高圧の状態にすることなどが知られていました。しかし、より簡単な電流を流すだけで、電子が溶けることなど、想定外でした。また、それに伴って超伝導体でもないのに大きな反磁性を示すとは、まったく誰も想像していませんでした。意外な発見から緻密な研究へと発展させ、ルテニウム酸化物の巨大反磁性現象にまで行きついて、2017年11月に『Science』誌に著者7名で論文を掲載することができました。

私たちの研究成果から意外な発見の例をもう一つ挙げますと、25年前に発見した銅を含まない酸化物超伝導体があります。ベドノルツとミュラーの発見以来、数多くの高温超伝導体が開発されましたが、層状の銅酸化物という点は共通していました。そこで、銅を含まない類似の超伝導体を何とか見つけたいと、ベドノルツ博士自身も含め、各国の多くの研究者が一生懸命取り組みました。8年後になって、銅の代わりに鉄と似た性質をもつルテニウムを使って、ついに超伝導体が見つかりました。幸運なことに、私たちがその発見をすることができました。多くの研究者は銅酸化物にならって、奇数個の電子を含む状態の酸化物での超伝導体探しをしていました。当時の理論も奇数個電子の重要性を基本としていました。私たちもそうだったのですが、超伝導は期待せずにルテニウム酸化物の中で偶数個電子の状態の物質も試したところ、1ケルビンという低温の超伝導体を発見し、『Nature』誌に大学院生3名を含む著者7名での論文を発表しました。

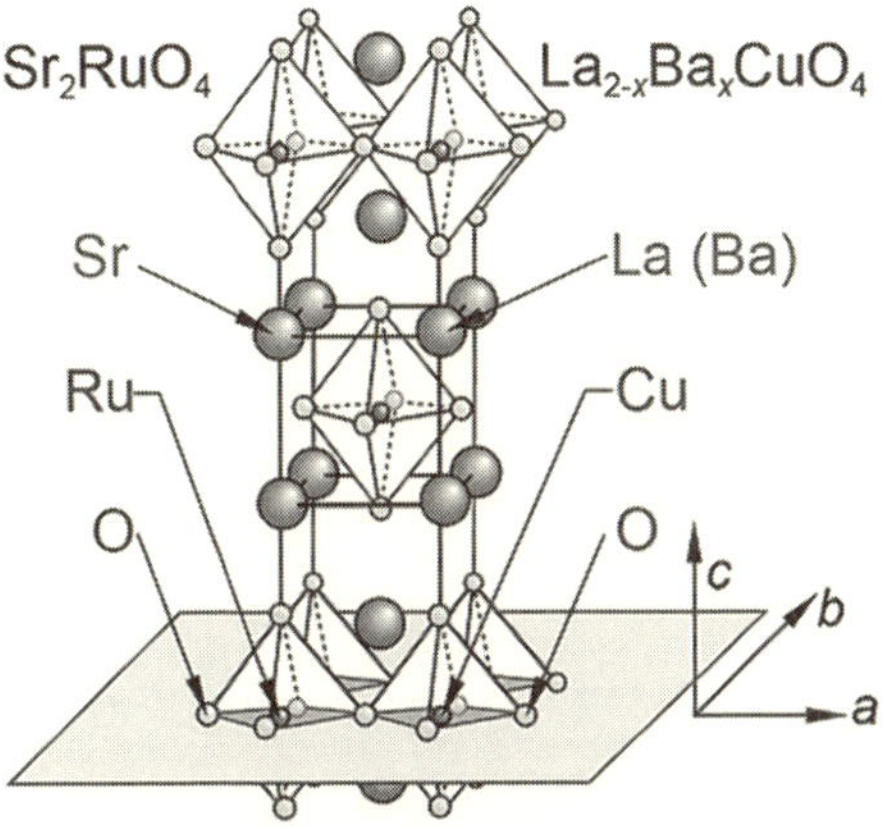

図27　ルテニウム酸化物超伝導体とベドノルツ-ミュラーの発見した銅酸化物高温超伝導体に共通の結晶構造。電流を流すと巨大反磁性を示す物質も同じ結晶構造です。

銅酸化物と同じ結晶構造とはいえ、高温超伝導と真逆の低温超伝導体だったのですが、意外な展開が待っていました。超伝導は電子が対をつくることで起こります。銅酸化物や硫化水素も含め、電子のもつ磁石の性質であるスピンが、互いに逆向きの対をつくって超伝導を起こします。逆向きスピンの電子が対になることで、磁石の性質は打ち消されてしまいます。ところがスピンが同じ方向の電子対ができて超伝導になると、電子が磁石の性質をもったまま抵抗なく流れるようになります。鉄に似た性質の原子を使ったルテニウム酸化物ではそのような画期的な状態の超伝導が生じる可能性が指摘され、当初はまったく想定していなかった分野の開拓へとつながっています。ルテニウム酸化物は、従来とは異なるエキゾチック超伝導体であることは明らかですが、解釈については互いに矛盾するような実験結果もあり、全容解明に向けた研究が続いています。

画期的な研究成果が生まれる環境

私たちの研究成果として、ルテニウム酸化物での二つの例、電流を加えることで巨大反磁性が発生する現象と、エキゾチック超伝導体の発見についてお話ししました。大切なことは、これらの発見は、事前に予測しようと思ってもできるものではないということです。

巨大反磁性現象については、発見以前にも、電気抵抗を測定するためにモット絶縁体に電流を流してはいたのですが、発熱を避けるために、電流はなるべく弱くしていました。もう少し強い電流を流せば、もっと早く発見できたのかもしれませんが、当時、この分野の研究者としては、流す電流はなるべく弱くすることが常識でした。

また、エキゾチック超伝導体については、その前に発見されていた銅酸化物高温超伝導体のインパクトが強すぎて、それを参考に条件を絞って他の超伝導体を探すことが行われていました。しかし、そのような研究からは画期的な物質は見つかりませんでした。

画期的な物質や現象も、一度発見された後であればいずれは合理的な説明ができます。しかし、発見される前は誰も思いつきもしなかったというものがほとんどです。データベースの中から、過去の大発見をヒントに新しい物質を探しても、ちょっとした論文を書けるものは発見できるでしょう。しかし、そのようにして発見した物質の中に、本当に画期的な物質があるかどうかはわかりません。

私たちが、なぜ、画期的な発見ができたのかといえば、運よく失敗したときに、それを単なる失敗として受け流さず、その奥におもしろい現象があると思ったからです。これは、ある意味で妖気を感じ取ったといってもよいでしょう。そして、当時の主流となっていた理論に限らず、怪しそうな物質を網羅的に探索していったことも大切だったと思います。しかし、ここでは試料の質のよさにはこだわり、正確な測定をしました。さらに、もう一つ付け加えるとしたら、運です。やはり運がないと、研究はうまくいきません。しかし、こればかりはどうしたらよいのか、私にもよくわかりません。研究現場の雰囲気というか、ポジティブな姿勢は大切と思います。

物理学でいえば、スモールサイエンスも、ビッグサイエンスも、車の両輪のようなもので、どちらも大切です。そして、研究者にとって、使命を帯びた重要なテーマや社会に貢献できるとわかっているテーマや頭で考えたテーマよりも、おもしろいテーマ、好奇心からのめり込めるようなテーマ、心が欲するテーマに取り組む方が大切ではないでしょうか。基礎科学を進めるうえで、このようなテーマに取り組むことのできる環境を整えることが重要です。現在の研究者にとっては、研究費不足も大きな問題ですが、それ以上に研究時間が足りないことが大きな悩みになっています。おもしろいアイデアはたくさんあるのですが、それらのテーマにのめり込めるだけの時間がないことも、大きな問題になっているのです。

Q＆A

質問　前野先生のお話を聞いて、多様性が大切だと感じました。一方で、新たな画期的な発見のためには、個々の多様性に加えて、異なる分野のコミュニケーションも必要ではないかと思います。そのあたりのことはどのようにお考えですか。

前野　私は、最近、日本の研究プロジェクトのリーダーをさせてもらうことがありました。私の専門のトポロジカル物質の研究は、まさに異分野コミュニケーションが大切です。今までは、固体分野の研究なら絶縁体や半導体か金属か、液体分野の研究なら超流動かそうではないかというように、細分化した枠の中で研究していました。俗にいう縦割りですね。ところが、トポロジカル物質の研究は縦割りではなく、固体か液体かにこだわらずトポロジカルかそうでないか、分野間に横串を刺すような取り組みが必要で有効になります。金属の超伝導現象と液体ヘリウムの超流動現象をトポロジーの視点で比較すると、個々の理解を超えた普遍的な理解ができ、互いに見落とされていた現象の発見につながります。トポロジカル絶縁体で発見された概念を使うと、液体ヘリウムで見落とされていた表面の新しい状態が実はトポロジカル現象として理解できるというように、分野を越えた広がりを見せています。これらの研究では、既存の分野を越えたコミュニケーションが活発に行われています。

質問　基礎研究の重要性を理解してもらうために、研究した内容を失敗も含めて積極的に発表した方がよいという意見もありますが、どのようにお考えですか。

前野　失敗事例の情報を共有できることは有意義と思います。しかし、研究の結果を逐一詳しく報告することが義務づけられると、実際の研究活動には支障も出てくるでしょう。日本では、スモールサイエンスの分野でも比較的大型の科学研究費の助成を受けると、毎年の成果報告に加えて、2～3年後にまとまった中間報告をして、5年後に最終報告をすることが義務づけられています。その際にヒアリング審査が必要な予算もあります。

ご質問の主旨からずれるかもしれませんが、研究報告について少しお話しします。

アメリカでは、政府の他に、ビジネスなどで成功した篤志家が基礎科学に多額のお金を寄付する文化があります。その中の一つが、インテル創業者のゴードン・ムーアと妻のベティ・ムーアが設立したゴードン・アンド・ベティ・ムーア財団（ムーア財団）です。ムーア財団では、高温超伝導、トポロジカル物性など、量子物質における創発現象（Emergent Phenomena）に関する基礎研究の資金を5年ごとに、合計70億～１００億円出資するEPiQS（エピックス）プログラムを実施しています。

私は、このプログラムのアドバイザーをしているのですが、EPiQSプログラムの中で一番驚いたのは、報告を重視していないところです。EPiQSでも、研究者からの申請書を受けて、その人を援助するかどうか審査します。しかし、資金の補助がされた後は、中間報告がありません。最終報告はさすがにあるのですが、申請時と研究の方向性が変わっても問題ないと明言しています。ムーア財団は、プロジェクトに投資するのではなく、人に投資するという考え方でこのプログラムを進めています。

ですから、最初に人を十分に選んだ後は、5年間、研究者に自由に研究してもらえばよいというスタンスに立っています。最初の計画から変更してもよいし、数年後に成果が出ていなくてもよいので、ともかく大きな成果を目指してほしいという考え方です。ムーア財団の場合、このような余裕があると思います。日本で科学研究費を出資するにあたり、事後報告や総括をもっと積極的にやったらよいのではという提案もあります。しかし、申請時の計画通りに基礎研究の成果が挙がったか報告するような制度だけを導入してしまうと、申請書に書く目標をわざと下げたりして、大きな目標にチャレンジする精神が育たなくなってしまうのではないかという危惧があります。

3章

日本の純粋科学を支えたもの、およびそれへの批判

岡本拓司

日本と純粋科学

私の話は、『日本の純粋科学を支えたもの、およびそれへの批判』というタイトルです。「それへの批判」というと、私がすべて批判するように見えてしまいますが、私が批判するというわけではありません。まずは、日本の純粋科学を支えてきた理念について、話をさせていただきます。それらの理念に対しては、そのときどきで批判の声が上がり、それに対して再び純粋科学擁護の議論が起こるといった事態も生じます。全体の流れを包括的に論ずるのはなかなか難しいのですが、ここでは、純粋科学を支えた理念とそれへの批判の歴史の中でも、特に顕著な例をお話しし、そこから何が見えてくるのかを考えていきたいと思います。

私の話の中では「純粋科学」という言葉を使いますが、この言葉は「基礎科学」よりも先に使わ

れているのでこちらを用いるようにします。また、純粋科学、基礎科学の中でも、とりわけ純粋性や基礎性が強いと思える原子核物理学、素粒子物理学を中心に話をしていきます。

今の科学の現状から考えると、人間が好奇心に基づいて自然を探究するのは当たり前ではないかと、ほとんどの人は思うでしょう。しかし、すべての地域や文化圏で、そのような考え方が当たり前のように根づいていたわけではありません。また、純粋科学は「真理の探究のために」、応用科学は「社会の役に立つために」と、それぞれ研究の動機が語られることが多いのですが、これら以外の動機、あるいはどちらにも分類しがたい動機で研究が進められた例もあります。よく知られた例では、科学の成立期に、「神は聖書という書物も与えたが、自然という書物も与えた」という考えに基づいて、自然現象の探究が行われたといったことがあります。真理のための探究ではありますが、自然の神秘を解き明かすこと自体が人類や社会への貢献になっていると考えられているともいえます。

日本の場合は、明治維新のときに科学を大々的に導入しましたが、その動機は「富国強兵」、「殖産興業」であるといわれてきました。つまり、科学を「軍事」や「産業」に向けて応用することが主眼だったということになっていますが、はたしてそれだけだったでしょうか。

純粋科学、基礎科学について考えるときには、軍事や産業とは別の動機も考えてみる必要があります。日本人が初めてノーベル賞を受賞したのは、富国強兵・殖産興業に直結しそうもない素粒子論という分野の研究者でした。いまだに日本がとても強い分野です。専門外の人間からすれば、

「科学研究はいずれにしろ、応用の役に立つのではないか」ということになるかもしれません。しかし、実際には、日本の素粒子研究は、応用性を度外視した動機で始まり、発展してきました。これははたして、富国強兵・殖産興業を主眼とする科学技術振興が、偶然生んだ副産物なのでしょうか。

長岡半太郎から湯川秀樹まで

まず、明治維新で日本が科学を導入した前後の様子から振り返っていきたいと思います。江戸時代末期になると、欧米に渡る日本人も現れ始めました。その中の一人に、初代文部大臣となる薩摩出身の森有礼がいます。彼が1886年に「学政要領」(大久保利謙監修、上沼八郎・犬塚孝明共編『新修森有禮全集』、文泉堂書店、1998年、第二巻、163～168ページ)というものを書いています。この中で、森は、学問は「致知」と「応用」、すなわち「純正学(ピューアサイエンス)」と「応用学(アップライトサイエンス)」の二門に別つと記しています。この時期からすでに、学問には純正学と応用学の二門があることを述べています。

そして、「致知応用共に国家必須の学問にして更に軽重すへからす、然れとも我国現今の時勢には応用を先にし致知を後にすへきこと」と続けています。森は、純正学も応用学もどちらも国家にとって必須なもので、どちらを重い、軽いというべきではないといっています。しかし、当時の日本の現状を考えると、産業、軍事などの応用を先にして、致知は後にしなければいけないと主張します。森が「学政要領」を執筆した1886年は明治維新から20年後あたりです。当時の社会情勢を考えると、応用を優先して取り入れる必要があるというわけです。

森有礼は、致知（純正学）と応用の中身を知らずに、こういったわけではありません。「致知の学問は深く事物の真理を攻究するにあり」、「応用の学問は専ら富国の実業を負担し得へき人士を養成するにあり」と書いてあります。この文章を読めばわかる通り、この頃の日本には、すでに純粋科学、応用科学にあたる言葉も概念もありましたし、その中身もよくわかっていたのです。そのうえで、応用を重視する路線を打ち出しました。森の提示した路線は国家全体の大筋の方針でもあり、これを実行した結果、19世紀末から20世紀前半にかけての日本が、軍事、産業において大きく発展したのは、よく知られている通りです。

明治時代には、国の政策レベルでは応用科学の導入に大きく舵を切ったわけですが、それでは、いわゆる純粋科学に属する原子物理学の研究に携わった人たちの実感はどうだったのでしょうか。この時代を代表する科学者としては、世界に先駆けて独自の原子構造模型を提唱した長岡半太郎が有名です。

長岡半太郎は1888年に田中館愛橘という先輩に、英語で手紙を書いています。そこには、以下のような文章があり、長岡が、物理学、科学の道に進んだ理由を読み取ることができます（板倉聖宣・木村東作・八木江里『長岡半太郎伝』、朝日新聞社、1973年、113ページ）。

"There is no reason why the whites shall be so supreme in everything, and as you say, I hope that we shall be able to beat those yattya bottya people in course of 10 or 20 years: I think there is no use of observing the victory of our descendants over the white with the telescope from jigoku."

長岡は、西洋の白人があらゆる分野で優れているはずはないと思っていましたが、たとえば当時の科学の教科書には、白人の名前しか掲載されていません。長岡は、そうした事態に不満を覚え、10年か20年のうちに日本人、あるいは東洋人がこのような場面に躍り出て、成果を上げるようにしたいと考えていたのです。何とか、自分が生きているうちに白人に勝ちたい、そのためには自分たちの成果を白人たちに知らせる必要があり、英語・ドイツ語・フランス語などを使いこなせなければいけないという思いから、長岡は先輩の田中館愛橘宛ての手紙でも英語で書いたのです。つまり、1888年くらいの時期に、長岡半太郎を物理学に突き動かしたものは知的なプライドといえるものでした。日本人としてのプライドでもありますが、西洋人がつくった科学分野の中で、東洋人が知的存在感を示すための挑戦を行おうとしたともいえます。

長岡半太郎は、もともと磁気ひずみ現象の研究で、世界的に知られるようになりました。その後、ヨーロッパに行ったときに、ヨーロッパの人たちの中心的な関心が原子の構造にあることを知り、原子模型の研究に挑戦するようになります。そして、1903年から翌年にかけて、有名な土星型の原子模型を提唱しますが、一部では注目されるものの、決定的な成果となるには至りませんでした。結局、原子模型は、アルファ線の散乱実験を経て、1911年にイギリスのアーネスト・ラザフォードによって提唱されたものが標準となっていきます。長岡半太郎一人だけでは、白人をやっつけるという目標を達成することはできませんでした。

しかし、この目標は彼に続く世代の人たちに受け継がれていきます。長岡半太郎は、後進の人たちに、この要求をしていくようになりました。もちろん、要求するだけでなく、彼は若い世代を支える役回りもします。長岡の思いは、たとえば、1913年に書いたノーベル物理学賞の推薦状の中に現れています（岡本拓司「ノーベル賞文書からみた日本の科学、1901年～1948年：物理学賞・化学賞」、『科学技術史』3号、1999年、87～128ページ）。こうした推薦状には通常個人的な感想は書かないのですが、長岡は、日本の科学がまだ揺籃（ようらん）期にあり、研究の大半は日常業務的な性格を帯びたものでしかないと記したのち、日本人を推薦できないことを残念に思うが、次世代には受賞者が現れてほしいと結んでいます。

長岡は、当時はめずらしいアジア地域の物理学者だったので、この時期よりも後になりますが、1930年から1950年まで、毎年、ノーベル物理学賞の候補者の推薦依頼を受けています。彼の評価眼はきわめて厳しく、かつ正確でした。依頼された年すべてに彼が推薦を行っているわけではありませんが、彼が推薦した候補は、全員、最終的にはノーベル賞を受賞しています。長岡は、科学の領域での日本人の活躍を期待していましたが、日本人だからといって、安易に推薦することはありませんでした。

長岡が日本人からも受賞者が出てほしいと記してからほぼ四半世紀を経た１９３９年、長岡はとうとう、初めて日本人を推薦します。湯川秀樹です。ここでやっと長岡の長年抱いてきた夢がかなうかに思えたわけです。湯川に対する推薦状にも、やはりめずらしく個人的な感想が記してあり、「初めて自信を持って日本人を推薦することができる」と記されています（岡本拓司「日本人とノーベル物理学賞」、『日本物理学会誌』、55巻、２０００年、５２５〜５３０ページ）。よく知られている通り、湯川秀樹が大阪帝国大学に就職した当時の総長は長岡半太郎でした。そのような縁もあり、長岡は湯川の研究にも注目していました。

長岡半太郎は、東洋人としての知的自尊心をかけて白人と対峙したいという思いをもっていました。彼にとって、科学は知的競争の基礎であり、白人に勝つために科学を積極的に取り入れるという立場でした。前世代の科学者は、得てして古い理論に固執して、新しい理論に挑戦する若者を止める役割を果たしてしまうわけですが、長岡は違いました。むしろ、新しい動きがあると、「そこに日本人の若者も参加すべきだ、参加して手柄を上げるべきだ」とけしかける役割を果たしたのです。

長岡は、新しい理論にほとんど拒否感を示さず、新しいことに挑戦することを推奨する立場になりました。これは、自然に対する関心、研究への興味などとは少し違う角度からの科学への関心の抱き方だと思います。しかも、単純に、日本人の研究ならばなんであれ表彰を受ければよいという考えではなく、湯川秀樹の中間子論クラスの業績が出て、初めて日本人を推薦しました。

長岡半太郎の親戚には、やはり物理学者の菊池正士がいました。菊池は理化学研究所で電子線回折の実験を行ったことで知られています。電子線回折は、1937年にアメリカのクリントン・デイヴィソンとイギリスのG・P・トムソンがノーベル物理学賞を受賞した際の受賞理由となった成果です。菊池は、受賞者たちから少し遅れていたものの、ほぼ同時期に同じような実験をしていました。菊池のことは、親戚でもある長岡半太郎は、もちろんよく知っています。しかし、長岡は菊池正士クラスの人間は推薦しませんでした。長岡の評価眼の厳しさは、誰をノーベル賞候補として推薦したのかといった点からもわかりますが、同時に、誰を推薦しなかったのかという点からも知ることができるといえます。

湯川秀樹が登場することによって、長岡は初めて、「日本人が西洋に挑戦して何らかの成果を収める」という光景を目にすることができたといえます。一方この頃、日本の物理学者は実験の領域でも世界への挑戦を行っていました。理化学研究所は、1937年に26インチのサイクロトロンを完成させています。理化学研究所のサイクロトロン計画は、湯川秀樹の中間子論とは無関係に進められましたが、このサイクロトロンが完成した直後に、湯川秀樹が予言した粒子と思われるものが宇宙線の中から発見され、中間子論が一気に注目を集めます。同時期、アメリカでは体積比で26インチの10倍ほどの大きさとなる60インチのサイクロトロンの建設計画が進んでいました（岡本拓司「原子核・素粒子物理学と競争的科学観の帰趨」、金森修編著『昭和前期の科学思想史』、勁草書房、2011年、105～183ページ）。

60インチのサイクロトロンを計画したのは、サイクロトロンの発明者であるアーネスト・ローレンスです。ちなみに、日本はアメリカに次いでサイクロトロンを稼働させた国ですが、この頃の日本は経済的に豊かで余裕があったわけではありません。第二次世界大戦が終わると、GHQがサイクロトロンの破壊指令を出しますが、このとき、日本はサイクロトロンを四つももっていました。今から振り返ると、貧しいのに高価な原子核実験の装置を四つももつ、とても変わった国に見えます。

話を1940年前後に戻しましょう。26インチサイクロトロン完成直後に、湯川理論が注目を浴びると、やがて、大型のサイクロトロンを建設すれば、湯川が予言した粒子をつくることができるのではないかという考えが出てきます。そして、日本でも60インチの大型サイクロトロンの建設計画が始まったのです。

ただし、当時の日本は、大型サイクロトロンをつくるための技術や知識ももっていなかったので、発明者のローレンスに教えを請うています。ローレンスは親切にも、自分がつくらせたものと同じものを買って組み立てれば日本で初めからつくるよりも安く上がると勧め、これに従って、理化学研究所（理研）の仁科芳雄は60インチサイクロトロンの建設を進めたのですが、組み上がった機器はうまく稼働しませんでした。そこで仁科は、1940年に研究員をローレンスのもとに派遣しました。

研究員たちは、60インチサイクロトロンの建設の要点について学ぶと同時に、ローレンスが、湯川の予言した中間子をつくるために、より大きな184インチのサイクロトロンを建設しようとしていることも知りました。この頃には、1937年に宇宙線中に発見された粒子は湯川が予言した粒子ではなかったことが明らかになり、中間子を実験的につくるための、より大きなサイクロトロンの建設はさらに強く望まれるようになっていました。アメリカの事情を知った仁科は、焦りを覚えるようになります。

当時の中学生などが読んだ科学雑誌の『科学知識』や『科学画報』には、サイクロトロンの写真も掲載されています。バークレーにつくられた60インチサイクロトロンの写真や、184インチサイクロトロンの想像図も掲載されています。184インチサイクロトロンの想像図では、巨大な機器が、中性子が漏れ出すのを防ぐために山の中に設置されています。また、情報が遮断された戦時中でも、アメリカでは、今、こうした巨大機器がつくられているのではないかという想像図が雑誌に掲載されたりしています。科学雑誌に詳しい情報が掲載されている様子を見ると、理研のサイクロトロンにも、国民的な関心があり、世の中の支持もあったように感じます。

理研のサイクロトロン建設を主導した仁科は、コペンハーゲンで学んだ後、理研に自分の研究室をつくりました。仁科は、宇宙線の観測機器、コッククロフト-ウォルトン型加速器、サイクロトロンなど、世界の第一線で稼働している装置を、自分の研究室につくろうという意識で、研究室の準備を進めました。湯川の中間子論が注目されたときには、日本人の理論が正しいかどうかを、日本人の手で明らかにしたいと考えました。この思いはアメリカとの戦争が始まった後も続きます。

戦争が終わった後、日本とアメリカの学問を比較したときに、日本が劣っていたのではみっともないという気持ちもあり、純粋科学に励まなければいけないと考えていました。また、当時の日本が構想していた大東亜共栄圏の中に、純粋科学を担当する国は他に見当たらず、日本の研究を途絶えさせてはいけないとも主張していました。

これには批判もありました。たとえば、菊池正士は、1941年に「真理の探究といふことが天から授かった神聖な使命であって、自分がその道に進むことに対して何人の容喙も許さぬなどと考へるのは科学者のうぬぼれといふものである」、「直接応用目的をもたぬ純粋科学の統制ももとより除外さるべき理由は何もない」といっており(菊池正士「学術の新体制(一)」『朝日新聞』東京版、1941年2月14日朝刊5ページ)、戦時下における純粋科学の推進について批判しています。つまり、菊池は、「統制を受けずに、真理の探究のみに突き進むのは、科学者のうぬぼれだ」というわけです。

一方で、応用により強い関心をもつ軍人の方が、基礎研究を重視していたことを示す発言もあります。第一次近衛内閣の文部大臣を務めた荒木貞夫は、皇道派の軍人として知られる人ですが、1939年に、文部省科学研究費交付金を新設しました。このとき、荒木は、創設の理由を、「基礎科学の振興のため」と説明しました(ここでは「基礎科学」の語が使われています)。予算計上された300万円は捨て金のようなもので、応用研究を活発にするためにも、基礎科学の振興が必要だと説いています(荒木貞夫「時局打開の一要素」、『雄弁』、32巻2号、1941年、3~7

ページ）。

さらに、第二次近衛内閣の文部大臣だった橋田邦彦は、１９４０年に、日本は独自の立場から、欧米の科学を指導するような新しい科学をつくらなければいけないとして、「日本科学」の振興を提唱します（橋田邦彦「所信」、『週報』、２００号、１９４０年、2～5ページ）。西洋に伍するような新たな科学をつくり、東亜新体制、次いで大東亜共栄圏の確立に貢献するとうたっていたのです。応用を度外視するわけではありませんが、文化や精神に関わる部分も含めた科学の全体を日本のものとして取り込もう、そのうえで日本科学によって世界の科学を指導していこうという姿勢です。

日本の敗色がだんだんと濃くなってくると、純粋科学志向の仁科芳雄も、さすがに軍事研究、具体的には原子爆弾の開発にも力を注ぐようになります。しかし、戦争が終わると、仁科はすぐにサイクロトロン研究を再開しようとします。もっとも、先ほども触れたように、ＧＨＱから破壊指令が出て、サイクロトロンは壊されてしまいます。

戦争は日本の敗北で終わりましたが、これは単純な敗北ではなく、原子爆弾に代表される「科学戦」における敗北であると、政府も科学者も主張しました。

日本敗戦の年、１９４５年11月に、湯川秀樹は「静かに思ふ」という随筆を発表します（湯川秀樹「静かに思ふ」、『週刊朝日』、１９４５年11月4日、7～9ページ）。この随筆の中で、湯川は、日本が戦時中に行った悪事がしだいに明らかになってきているが、「日本が内から見ても外から見ても立派な国家になることが、国体護持の最大の保証である」といいます。そして、橋田邦彦らが唱えた日本科学については「普遍的な真理を探究する吾々自然科学者に取って特に迷惑なことであった」と振り返りました。しかし、自分も専門とする理論物理学など、日本の科学にも優れた部分はあるのだから、「敗戦によって打ちのめされた勇気を再び振ひ起して、世界の明日の文化の為めに全力を傾倒しなければならない」と宣言しました。つまり、科学の世界でももう一度仕切り直そう、科学を通して、実用の領域というよりは、文化への貢献を行おうということです。

この頃、敗戦後の日本を占領した連合国軍の依頼で派遣された、アメリカの科学アカデミーの調査団が、日本の科学の再建・再編に向けた観察と提言を発表しています（Scientific Advisory Group: "Reorganization of Science and Technology in Japan: Report of the Scientific Advisory Group to the National Academy of Sciences, United States of America, Tokyo, Japan, August 28, 1947,"『日本現代教育基本文献叢書　戦後教育改革構想　Ⅰ期　5』、日本図書センター、２０００、所収）。調査団は、日本には「文化階級（cultured class）」という概念があり、日本の文化が他の国よりも優れていると示すことが研究の動機になっていると指摘しています。日本の科学は名誉の保持のためであり、面目の問題であるというわけです。さらに、自然科学や技術の諸分野では、応用科学に有害なほどに、純粋科学の研究、「ロマンチック」な研究に力点が置かれていて、この点はアメリカとまったく異なるとまとめました。

現在の日本で抱かれている科学への印象とは異なるかもしれません。しかし、すでに申し上げたことからも明らかなように、日本の科学を支える人々の中には、技術への応用を重視する傾向とともに、科学の文化的な側面に関心を向け、純粋科学を志向する流れもたしかに存在していたのです。科学戦に敗れた直後の１９４９年に、湯川秀樹が中間子論という原子核・素粒子物理学における成果によって、日本人として初めてノーベル賞を受賞したことは、純粋科学の意義や価値をより強く印象づけることになったといえるでしょう。

科学と民主化、科学と国民の生活

戦後の日本では、科学振興に、さらに民主化という要素も加わります。背景には、戦争による破滅への道を進んだ戦前期の日本の過ちに鑑みて、科学と民主主義の浸透によって立ち直っていこうとする機運がありました。両者を結びつける議論も有力であり、具体的には、科学を社会の隅々まで行き渡らせることで、日本の民主主義が進むのではないか、あるいは民主主義の発展が科学の隆盛をもたらすのではないかという期待がもたれるようになりました。この期待は、１９４６年に発表された日本共産党の「科学・技術テーゼ」(日本共産党科学技術部「日本の科学・技術の欠陥と共産主義者の任務」、『前衛』、1巻10・11号、１９４６年、64~67ページ)で有名ですし、同年に結成された「日本民主主義科学者協会(民科)」という科学者の団体でも、同様の主張がされています。

科学と民主化を結びつける主張には、運動に関わる側面と理論的な側面があります。理論的な側面としては、たとえば、フリードリヒ・エンゲルスのいう「自然の弁証法」は、素粒子の階層性など、自然の構造を研究する過程で、明らかになっていくのではないかといった議論が行われていました。運動面では、民主化に向けた動きを盛んにしていくことが目標であり、科学は、本来、国民生活を豊かにするものであり、そのような状況であれば、研究者は研究の自由を享受できるはずであるが、現実にはそうはなっておらず、国民もやがてそのことに気づいて、生活の豊かさを望む国民と、研究の自由を欲する科学者・技術者の共闘が起こるのではないかという期待がもたれるようになりました（山口省太郎「原子物理学と国民の利益　科学十ヵ年計画に原子科学者の意見」、『アカハタ』、３４７１号、１９６０年12月9日、４ページ）。

では、科学研究に対する一般の人々の見解はどのようなものだったでしょうか。一般的な人々の考えを知る手がかりは多くはないのですが、たとえば１９５４年に、東京都の田無町（現在の西東京市）に東京大学原子核研究所が建設された際の、物理学者と住民の交渉の場に現れた率直な意見などが参考になります（「原子核研究所設立のための田無町民と物理学者たちとの話しあい」、民主主義科学者協会物理部会『速報』2号、１９５４年12月25日。日本物理学会編『日本の物理学史下　資料編』、東海大学出版会、１９７８年、５５８〜５６２ページ所収）。

原子核研究所の設立は、日本の原子核研究を再開するために、物理学者の朝永振一郎と菊池正士が中心となり進められたプロジェクトです。サイクロトロンの破壊によって中断を余儀なくされた日本の原子核実験を、なんとか再開する手がかりとしたいという目的がありました。

ただ、1954年は3月にビキニ環礁で第五福竜丸事件が発生した年です。同年に映画『ゴジラ』が公開されて話題となったように、原子核関連の研究は危険性があるのではないかとも危惧されました。また、この頃の田無には、中国から引き揚げてきた人も、日々の生活に困難を感じている人もおり、自分たちの生活とはかけ離れた金額や目的をもつ研究所の建設に対する疑念にも切実なものがありました。そうした町民からは、「自分達の職場で遅配がつづき本当にその日その日の生活をしている。或人は血を売って米を買った。僕達の生活がこんなに苦しいのに何故そんな研究に多くの金が出るのだろうか。研究と僕達の生活とどう結びついているのだろうか。はたして核研が国民の生活の幸福になるか」との声が上がります。

これに対し、朝永振一郎は、「この研究がすぐ皆さまの幸福に役立つなどという大それたことは申し上げられません。〔…〕しかし何時の日か何らかの事で皆さまの生活をよくすることにお役に立つ、これが唯一の念願でございます。〔…〕何かその日その日の食べるものに苦労のない人間が、自分の好きなことを勝手にやっているようにお考えになるかと思いますが、そういうことがやはり科学者の務めでございます」と答えます。町民からも、「害を及ぼさないのであれば自由にされたらどうですか」というような意見が出てきます。

別の町民からは、「先生方が研究をやるための予算は国民の税金から出るんです。その中で今この研究をやれば何時かは役に立つという。ソ連では原子力を使って河の流れを変えているという。はじめから国民の役に立つように計画的にやっている。学者の方はなぜ国民の状態をみないのですか」、あるいは「先生方は皆さんのため将来のためといわれるが、本当に国民のためになるという保証がない。先生方の考えが甘かったためにかえって国民の災いになるんではないかと思うんです」といった声も上がります。その一方で、「職工さんには職工さんの生活があり、先生方には先生方の生活があるわけでしょう。難しい問題で私達にはよくわからないが、先生方がどうしてもやりたいというなら仕方がないんじゃないでしょうか」という人もいます。

これらに対する菊池正士の返答は、「科学技術をもたない国民は必ず不幸になるということです。科学技術は不幸を招くこともあるが、核の研究も直接役に立つこともある」というものでした。

田無の人々が上げた声の中には、自身の貧しい生活とはかけ離れた研究所の構想への疑念や、核兵器とのつながりも思わせる原子核研究への危惧とともに、科学者に一定の信頼を置き、彼らが望むのであればその通りに研究をさせてもよいのではないかという見解も見えます。

先ほど触れた１９５４年の映画『ゴジラ』には、隻眼の天才科学者芹沢博士が登場し、ゴジラに立ち向かう術を開発しながら、最後はそのような恐るべき技術を生んだことの責任を取る方法を、身をもって示します。この芹沢の地下の研究室を映した場面には、サイクロトロンのような機器が一瞬現れます。撮影前に書かれた絵コンテにはこの機器はないので、美術さんが現場で思いついたのではないかと思いますが、１９５２年には理研の26インチサイクロトロンが再建されており、また当時、すでに見た通り、原子核研究所の建設も新聞などで取り上げられるほど話題となっていました。サイクロトロンは、恐るべき兵器、そして天才科学者といった印象をもたらしていたことがわかりますが、当時の多くの人々にとって、名前もわからない実験機器というような存在ではなく、素粒子・原子核物理学といった学問領域は広く知られており、またそれなりに支持や関心も集めていたことがうかがわれます。

廣重徹の巨大科学批判

一方で、科学の振興とともに民主化を進めていくという路線に対しては、1950年代末からは批判の声が上がるようになります。若い世代の中の敏感な人々は、科学振興は進んでも、民主化は進まないと悟るようになっていました。この議論は、10年ほどのちの、1960年代末の学生運動の中にも現れます。これ以前から、ベトナム戦争において大国アメリカがその科学技術に支えられた兵器によってベトナムの人々を苦しめていることが報道されていましたし、日本でも公害問題が深刻化していました。「科学が進んでも、国民は豊かにならず、民主化は進まない」という批判が現れるようになりました。

同様の批判は、1971年に高エネルギー物理学研究所がつくられたときにも見られます。科学史研究者の廣重徹は、1972年4月の『日本物理学会誌』において原子核研究所の設立の際のことに触れながら、「一般の国民は核物理学を支持しているのでしょうか？」と問い、さらに、「また国民に向かって支持を求めるとき、何を根拠にそう主張するのですか？」と続けています。また、巨大科学は科学の「内的必然性」というようなものではなく、むしろ社会的な条件がもたらしたものであると述べ、具体的には、「軍事的・政治的・経済的な要因」がその「社会的条件」であると指摘しました。この社会的条件は、多くの批判にさらされて、動揺を来しているとも観察しています。加えて廣重は、「たかだか素粒子の数を数百個にふやしたり、月の石の化学成分を分析したぐらいのことで、巨大科学の奉仕している体制がもたらした好ましからざるものを帳消しにすることは、とてもできません」と持論を展開し、巨大科学から撤退する必要があると主張しました（広重徹「巨大科学と物理学の未来」、『日本物理学会誌』、27巻4号、1972年、307〜313ページ）。

廣重の議論には、ただちに反論が寄せられます。大阪府立放射線中央研究所の多幡達夫は、「物質のより深い構造を調べるには、より高エネルギーの粒子を使わなければならないということは、客観的自然の構造であり、素粒子物理学の巨大化の内的必然性ではないでしょうか」と論じて巨大科学の内的必然性を擁護し（多幡達夫「会誌について一言」、『日本物理学会誌』、27巻6号、1972年、529ページ）、また、戦前からの原子核・素粒子実験の専門家であった熊谷寛夫は、戦後の加速器の建設は、廣重の指摘のように社会的要因によってそのスピードが大きくなったものではあるが、もし仮に社会的要因が不利であって、そのスピードが遅くなるようなことがあったとしても、科学の巨大化は「浸透」するように進んだであろうと指摘し、この流れを止めることはできないと述べています（熊谷寛夫「基礎自然科学の将来」、『日本物理学会誌』、27巻9号、1972年、723〜725ページ）。

これらの批判を受けて、廣重もただちに反批判をくり出します（広重徹「物理学の歴史と内的必然性」、『日本物理学会誌』、27巻10号、1972年、792〜793ページ）。熱素やエーテルを例に、歴史における内的必然性は、「勝てば官軍」という事後の論理、あるいは現状肯定の論理に基づくものであり、歴史上は、次の時代に主流となる発想が何であるかは、およそ見当がつかないというのが実態であるという指摘、および「エーテルの物理学が脚光をあびてから量子力学までは35年、他方原子核・素粒子物理学は、最初の加速器による核変換が成功し、中性子、陽電子が発見されたannus mirabilis（奇蹟の年。1932年）からすでに40年を経過したのです」（括弧内の注記は廣重による）という観察がその骨子です。後者は、現在の物理学は、いたずらに実験上の事実を積み重ねるばかりで、自然に関する見方の転換を迫るような変革には至っていないではないかという問いかけです。ここには自然科学が必然的な過程を経て研究が進歩してきたとする見方を歴史的事実によって否定する姿勢と、変革期の思想的な争いを科学の理想的な姿とする態度が現れています。

日本における科学革命と通常科学

この批判の応酬のあった時期からさらに40年を隔てた現在の視点で見ると、新たな発見が相次いだのちに、相対性理論や量子論が登場する、19世紀末から20世紀前半、廣重のいう35年間は、科学の歴史の中でも百年に1回あるかないかの大革命の時期であったことがわかります。こうした科学革命が生じないからといって、変革期以外に積み重ねられる地道な研究、つまり「通常科学」が批判されるのは、少し行きすぎであるように思われます。

それでも、この科学革命と通常科学の対比を少し拡大解釈して使わせていただければ、日本の科学にも、科学革命と通常科学の時代があったといえるかもしれません。明治から第二次世界大戦までの日本の科学研究は、世界からの注目を集めるといったことはあまりありませんでした。この時期、日本の科学者の悲願は、世界から認められる成果を得ることでした。白人世界との知的格闘という大きな課題への挑戦を進める過程自体が、日本の科学者にとっては、科学革命的な意味合いをもっていました。日本の科学が認められた先には、いったい何が起こるのだろうかとわくわくしていたのです。それは、時代背景に応じて、日本科学の誕生なのか、それとも民主化の進展なのだろうかと、いろいろと夢想するわけですが、実際に、日本はそれだけの科学先進国になっているのかといえば、なっていなかったわけです。

ノーベル賞が科学の発展の度合いの万能の尺度であるというわけではないのですが、わかりやすい目安であることは確かです。そこでノーベル賞を引き合いに出していえば、１９４９年までは、果たして日本人にノーベル賞が獲れるのかという疑念が渦巻いていました。この問題は二つの側面があります。一つは、日本人は科学ができるのだろうかということ、もう一つは、西洋人は公平な判断をしてくれるだろうかという面です。日本人が優れた研究を行っても西洋では正当に評価されないのではないか、あるいはやはり日本人はそれほどの研究はできていないのではないか、など、さまざまな観察が現れます。疑念の多くは、１９４９年に湯川秀樹が日本人として初めてノーベル賞を受賞すると、いったんは解消しました。

しかし、湯川秀樹が日本人初のノーベル賞を受賞すると、さらに受賞者が続くのだろうか、あるいは一人で終わってしまうのではないかという心配が頭をもたげかねません。専門家のあいだでは、湯川受賞の頃から、次は朝永振一郎が受賞するだろうともいわれていたのですが、実際に朝永が日本人として二人目の受賞者となるのは、湯川受賞から16年も経った１９６５年のことでした。

朝永以後は、２０００年代に入るまでは、平均すると7、8年に一人の割合で科学分野のノーベル賞の受賞がありましたが、この頻度では、日本を科学の先進国であると見なすことは難しかったようです。ところが、21世紀に入ると日本人受賞者が急激に増え、2、3年に一人は受賞するようになりました。国籍からいえば日本人ではなく、研究を行ったのが国外であった人々もいましたが、それでも前世紀の状況とはまったく異なる事態を迎えることになりました（岡本拓司「平成期の日本のノーベル賞受賞者」、『日本物理学会誌』、74巻、２０１９年、２９８～２９９ページ）。

現在あまり意識されることはありませんが、長期的に見れば、明治維新から１５０年を経て、明治期から戦前期いっぱい引き継がれた悲願は達成されたことになります。自己認識は伴っていないかもしれませんが、国外から見れば、日本の純粋科学への貢献度が低いとも、日本に科学が根づいていないとも、客観的にはいうことはできない状況に至ったといえます。日本の科学は、いわば、革命期から通常科学期に移行したと見ることができるでしょう。

その一方で、かつて科学に込められた夢は、いつのまにか消えてしまっていました。日本人の知的な存在感を示すことを目標に科学研究に励んでみると、その努力もあずかって、科学の世界において民族や人種による能力の違いを論ずることは意味をもたない時代となっていました。科学を日本のものにするとか、科学の発展と民主化を社会の進歩の両輪とするとかといった、必ずしも物質的な豊かさに還元されるわけではない、文化や政治への広がりをもつ夢も、ほとんど語られなくなりました。純粋科学という言葉は古くなり、応用のための基礎科学という言い方のほうが一般的になりました。科学が身近になったぶん、科学に物語が付随しにくくなったのです。この状況で、かつて、日本人が科学に託した夢や大きな物語を、これからも描いていけるかどうかが、次の課題になるのではないかと思います。

Q&A

質問　初期の日本の科学は、白人を負かしたいということが動機だったということでしたが、それは長岡半太郎に特化した動機だったのでしょうか。それとも、日本の科学者全体に共有された動機だったのでしょうか。

岡本　「白人を負かしたい」という強い表現は、長岡の発言くらいしか見当たりません。

しかし、自然科学に限らず、この頃に学問を志した人たちの動機を見ると、長岡に近いものはありました。また、日本人が科学研究を行う動機は、時期によっても変化します。長岡の時代は、戦争に負ければ日本が植民地化されるのではないかという危機感があり、これがせめて学問の世界では存在感を示したいという意識につながったと思われます。

そうした気持ちは、日清戦争、日露戦争、第一次世界大戦を経て、日本の国際的な地位が安定していくにつれて緩んできて、やがて、「世界から尊敬と同情を得たい」というように、少し融和的な表現になってきます。のちの世代、特に大正期に青年期を迎えた人たちは、もっと友好的な考えをもっていました。その後には、日本は、第二次世界大戦での敗戦を迎えてまた状況が一変します。ただ、競争的な意識をもった世代は、昭和に入る頃には行政面で科学を支える立場にあり、全員がというわけではありませんが、これまでに述べたような動機に基づいて、上の世代の人たちが、具体的に科学研究を行う下の世代を支えたということはあります。個別に見れば、科学を志す動機は世代によっても、時期によっても違うというのが実情ではあります。

質問 たとえば、アメリカであれば、エネルギー省が基礎から応用まですべての科学を専門家がマネージしていますが、残念ながら、日本には専門の部署がありません。この現状について、どのようにお考えでしょうか。

岡本　アメリカでは、国防総省やエネルギー省が積極的に科学行政を推進していますが、国家の側の強い動機には、国際政治上の地位の向上・維持、より直接的には軍事プレゼンスの強化があります。日本の場合は事情が異なるので、そうすると科学研究推進の目的も担当する部署も各所に分散し、ひとまとまりにはなりにくくなります。行政機構の中に分散的に組み込まれ、計画の一つひとつが細かくなると、最終的に失敗したと見なさざるをえないプロジェクトに関しても、失敗したと総括をすることは積極的に行われないでしょう。個別の計画における失敗という総括は、科学者自身も嫌ですが、審査し予算をつけた側、事務などを取り仕切った側にとってもすべてが失点になってしまうからです。ただし一元的でないことには利点もあります。日本の歴史を見ても、基礎科学、純粋科学は、国家の意志に沿って進められたというわけではなく、さまざまな動機と方法で推進されてきました。今後も、科学研究への支援や政策立案は、一元的にしてしまうよりも、いろいろな可能性や要素が常にある状態にしていた方がよいのではないかと思います。

質問　研究者と社会の関係をより良好なものにするために、何をしたらよいとお考えですか。

岡本　日本は、非西洋国であり、明治維新、敗戦など、大きな変化を経験していますので、他の国にはない、独自の科学の見方が比較的豊富にあったといえます。今の時代からすれば、きわめて奇妙に感じられるものもありますが、それをよく分析してみると、当時の社会環境などを反映した貴重な文化上の財産と化しているとも評価できます。これに対して、現在の日本は、科学の世界で一定の地位を占めており、科学先進国の一つに数えられるといってもよいと思いますが、その反面、今まで目指してきたこの地位に到達してみると、特に目に見えて、文化や政治や社会において何かが劇的に変化したというわけではなかったということになっているかもしれません。こういう状況では、どちらかといえば、やはり成熟した研究者が、自分の専門を基礎にしながらも、ある程度率先して専門を越えた夢を語ってみるのがよいのではないかと思います。自然科学の領域では、一定の分野の専門家になってしまうと、なかなか冒険をすることが難しくなると思いますが、ときには科学を越えて、いろいろな領域で知的な冒険をする人がたくさん現れてもよいのではないかという感じがします。

4章 基礎科学研究と社会

中村幸司

私は大学で建築学科に進み、地震時の液状化現象の研究を行いました。建築学科といえば、建物のデザインをしたり、図面を引いたりするというイメージが強いと思いますが、私の研究は実験が中心でした。修士課程を修了した後、ＮＨＫに入りました。この話を聞いた人はたいてい、「建築学科からＮＨＫ」というつながりを不思議に思います。しかし、私の中ではほとんど連続していて、「周りの人は何を不思議がっているのだろう」と感じていました。ＮＨＫに入った後は、事件、事故、医療などの記者として取材をし、その後、ニュースデスクの立場になり、ラジオセンターなどを経て、２０１３年から解説委員をしています。

科学に対する社会からの反応

私が通っていた高校に「作用あれば反作用あり」が口癖の物理の先生がいました。作用と反作用の関係は、プールでの「けのび」を思い出してもらうとわかりやすいと思います。壁を蹴って、けのびをします。これが作用です。このとき、壁からの反作用を受けて、前に進むことができます（図1）。

私は、この図1自体が今回のテーマとつながるところがあるように感じています。蹴る人の力、太ももの筋力が「基礎科学研究の意義」に相当し、壁の硬さに相当するのが「社会」だと思います。社会の反作用で、科学研究が進展したり、スピードアップしたりするわけです。

作用と反作用は向きが違うだけで大きさの同じ力です。基本的に、壁を力強く蹴れば、前に進む力も大きくなります。しかし、壁がスポンジのようなものだったらどうでしょう。どんなに力強く蹴ろうとしても力が伝わらず、なかなか前に進めません。この作用・反作用の関係は、今回のテーマである基礎科学研究に対して、社会がどこまで理解しているのかという問題につながるのではないかと考えます。

私は、そもそも人間が生きていること自体、存在していること自体が基礎科学そのもので成り立っていると実感しているのですが、一般にはそういう感覚をもっている人は少ないようです。基礎科学研究と一般の人たちのあいだに距離感があって、これがスポンジのような壁の原因ではない

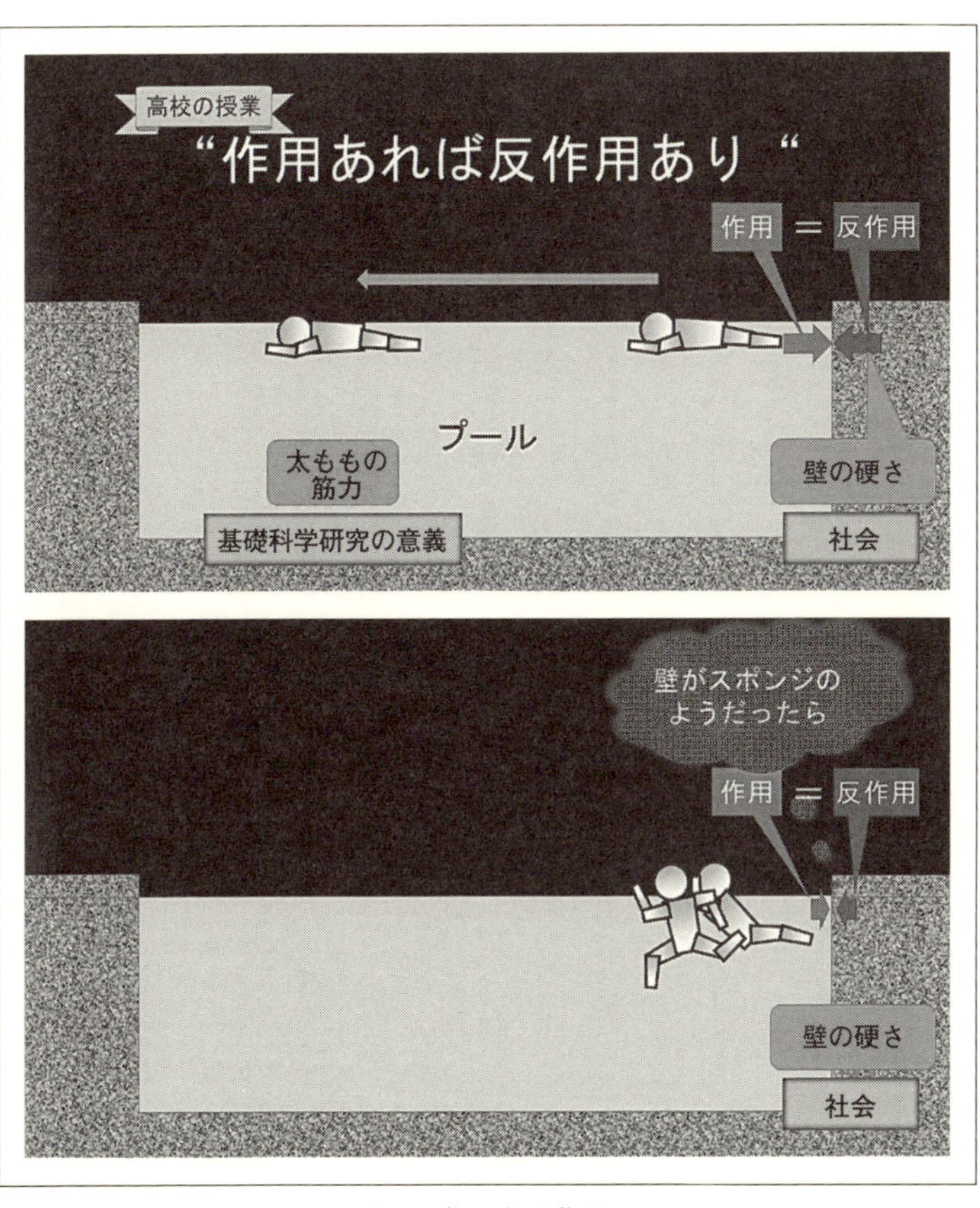
高校の授業
“作用あれば反作用あり“
作用
＝
反作用
プール
太ももの
筋力
壁の硬さ
基礎科学研究の意義
社会
壁がスポンジの
ようだったら
作用
＝
反作用
壁の硬さ
社会

図 1　作用と反作用

かと思います。これだと、どんなに太ももを鍛えても、つまり社会に科学のことを説明しても、壁からの反作用が小さく、思うように前に進めないと研究者は感じるのではないでしょうか。

失敗の総括こそ重要

一般の人たちは、基礎科学は難解で、とっつきにくいと思っていますし、研究者の側は、難解な科学を説明することはほとんどできないと思っているように感じます。私は、こうした社会と研究者のあいだの距離感を何とか埋められないかと考えています。ただ、その距離が本当に「科学の難しさ」だけによってできたものなのかは議論の余地があります。私から見れば、研究者の取り組みは本当に十分なのか疑問が残ります。

もっと距離を縮めるために、研究者には説明責任が求められると思います。ひと言で説明責任といっても、何を指すのかは人によって考えが違うでしょう。実際に、「説明はしてきた」と考える研究者もいると思います。ただ、その説明をどこまでしてきたでしょうか。

たとえば、大きな研究成果が得られた場合、研究者は記者会見を開くなどして、説明していると思います。しかし、成果が上がらなかったとき、どう説明してきたでしょうか。最近、そうした点が気になることがいくつかありました。

その一つの事例が、東海地震の予知の研究です。地震国の日本は、これまで巨大地震がたびたび発生していました。駿河湾から紀伊半島沖、室戸岬沖、日向灘にかけて伸びている南海トラフは、巨大地震の発生源として知られていますが、ここでいう「東海地震」とは、駿河湾近辺を震源とする地震のことを指します。この地域の地震発生には大きな関心が寄せられてきました。

１９６２年に、地震研究者の有志が『地震予知――現状とその推進計画』という提言を取りまとめ、発表しました。これは通称、「地震予知についてのブループリント」とよばれ、国内外に大きな影響を与えました。ブループリントでは、「地震の予知は、地震学者特に日本の地震学者に課せられた最も重要な責務である」として、のちの地震予知計画のプロジェクトにつながりました。つまり、さまざまな方法で観測し、データを取ることで、地震の前兆現象をとらえられるのではないかと期待されたわけです。

このブループリントの後、１９７８年に国は「大規模地震対策特別措置法」をつくりました。この法律は、大地震の発生に備えた予知、防災計画、避難などについて定めたものです。観測によって異常現象を検知し、気象庁長官が地震予知情報を報告すると、総理大臣が警戒宣言を発表する枠組みが定められました。警戒宣言が出されると、学校の休校や東海道新幹線の運休などが検討されます。経済活動など国民全体に大きな影響を与えます。

東海地震の予知については、１９９５年の阪神・淡路大震災、２０１１年の東日本大震災の二つの地震を経て、国の中央防災会議の調査部会が２０１７年、「確度の高い予測はできない」という内容の報告書をまとめました。これにより、警戒宣言は事実上、発表されないことになりました。日本の地震対策は大転換をしたのです。

地震予知は、もともと研究者の「できるかもしれない」という考えから始まったことを踏まえれば、2017年の時点で地震学者たちが何らかの説明と総括をするべきだったと私は感じました。しかし、私の知る限りでは、そのような研究者の総括は行われていません。もちろん研究者だけでなく、国やマスコミも含めて、何らかの総括をする必要があっただろうと考えています。

地震学の研究者の中には、「阪神・淡路大震災の頃から、地震予知は困難だとわかっていて、学会のシンポジウムなどでは指摘していた」、「1962年の頃の研究者と今の研究者は、代替わりもしている。今の研究者は、地震予知は困難だという考え方で一致している。自分の研究としては転換していない」といった声も聞かれます。しかし、社会から見たらどうでしょう。2017年までの約40年間、警戒宣言があるかもしれないという状況下で過ごしてきたわけですから、地震予知はしないということが決まったタイミングで、何らかの説明がなされる必要があったと私は思います。

地震学の研究者には、今後も地震予知の研究を進めてもらいたいと思いますが、地震予知が難しいという中で、地震予知研究の意味を説明しなければ、社会の理解も得られないでしょう。さらに、研究の今後の方向性も示さなければ、地震学が私たちの生活にどのように役立つのかが、よくわからなくなります。

そして、もう一つの事例は、重力波望遠鏡ＫＡＧＲＡの計画です。ＫＡＧＲＡについては、科学研究費助成が採択されたときの研究概要を見ると、「重力波の初検出を目指し」と書いてあります。

一般の人たちは、世界初の重力波検出を日本の観測装置で達成できるのではないかと少なからず期待していたと思います。結果としては、２０１５年９月にアメリカの研究グループが世界で初めて重力波を検出して、２０１６年２月に発表しました。

私としては、ＫＡＧＲＡの研究グループはこのタイミングで何らかの総括をしておく必要があったと思います。期待通りでなかったのはなぜか、どこに難しさがあったのか、振り返って考えるとどうすればよかったのか、といったことを、しっかりと検証し発表する必要があったのではないでしょうか。そうした検証から導き出された教訓は、次の大型プロジェクトを始動させるときに活かされるものだと思います。ＫＡＧＲＡが世界初の重力波検出を達成できなかった理由には、さまざまな事情があったのかもしれませんが、そのような事情が存在することが説明をしなくてよい理由にはならないと考えます。

研究の成果ばかりでなく、むしろ当初の計画通りにいかなかったときにこそ、研究の総括、説明を積み重ねていくことが、私は重要だと思います。社会に、基礎科学研究は思うようにいかない部分があることを含めて、科学を理解してもらう絶好のチャンスになると思うからです。

基礎科学研究は、未知のことが多く、研究を進めていくと思わぬ壁が立ちはだかり、後戻りすることも多いと思います。うまくいっていないときにも社会に説明する姿勢が、基礎科学研究への理解や、研究者と一般の人たちの距離感を縮めることにつながると思います。

透明性をどう確保するか

それでは、具体的に、どのようにすればよいのでしょうか。これは科学者一人ひとりに考えてほしいところですが、私なりに考えていることをお示しします。

先ほど、東海地震予知に触れましたが、防災関係の研究者と話をした際、大きな計画を立てたときに、それが実際にどうなったのかを検証する何らかのしくみをつくる必要があるだろうという意見がありました。ただ、科学研究の外部からの検証というのは、「外圧」のような雰囲気があり、私自身も少し違和感があります。ですから、科学者自ら検証するようなしくみを、研究施設、学会、日本学術会議などさまざまな場で考えてはどうでしょうか。研究がうまくいったとき、いかなかったとき、それぞれの節目で総括や説明をする。そうしたしくみを考えていく必要があると思います。

総括や説明について具体的には示しにくいのですが、透明性を確保し、わかりやすくすることが鍵になると思います。その透明性やわかりやすさが足りないと感じたのが、素粒子の実験で宇宙の始まりの謎を探る「国際リニアコライダー」（ＩＬＣ）の研究施設の検討です。日本は国際リニアコライダーの誘致に名乗りを挙げていますが、高額の費用負担などもあり、日本として明確な姿勢が示せていません。２０１８年12月に日本学術会議から、「国際リニアコライダー計画の見直し案に関する所見」が取りまとめられました。その議論の一部は公開されましたが、日本が誘致するかどうかの見解に関する決定的な議論、私たちが一番聞きたい議論が公開されなかったのです。そのことは非常に残念だったと思います。

公開されていれば、一般の人たちが国際リニアコライダーによる科学研究をどのように考えればよいのかを知る機会になったと思います。一番聞いてみたいと思うような内容を非公開にするのは、ある意味でもったいないことだったと思います。今の日本では、難しい問題は解決を先送りする場面をよく見るような気がしますが、せめて科学の世界くらいは、子や孫の世代に先送りしないで、失敗したこと、説明の難しいことなどにも正面から向き合って社会に示すという流れができることを期待したいと思います。

科学の楽しさを共有するには

最後に、イギリス・マンチェスター大学のアンドレ・ガイム教授について紹介します。ガイム氏は2000年に、磁力を利用したカエルの浮遊実験でイグノーベル物理学賞を受賞。さらに、2010年には、きわめて薄い炭素膜を取り出すことに成功した研究でノーベル物理学賞を受賞しました。

ガイム氏は専門の研究とは別に、思いついたことを自由に研究できる時間を週に数時間つくっていて、それを「金曜日の夜の実験」と名づけています。イグノーベル賞のカエルの浮遊実験は、その「金曜日の夜の実験」の成果だそうです。

そして、10年後にノーベル賞を受賞した炭素薄膜の研究も、実は「金曜日の夜の実験」から生まれたものでした。私がガイム氏に、「本当は何を専門として研究しているのですか」とメールで質問したところ、「専門の研究でも、ネイチャーやサイエンスに論文が掲載されている」と返事がきましたが、子どもの頃から科学が大好きだった私から見ると、金曜日の夜の実験の中にこそ研究に大切な姿勢があるのではないかと思いました。やらなければいけないということで研究するだけでなく、やりたいことを研究した結果、評価を受けていくとさぞかし研究は楽しいだろうと想像します。興味をもったことを研究するという研究者の原点のようなものを感じます。

一方、今の日本の科学の現状はどうでしょうか。大学の先生は研究以外の仕事が増えて、研究にかけられる時間が少なくなっているといいます。卒業論文などの発表時期には、学生が書いた論文に不正がないかどうか調べることにまで時間を費やさなければいけない状況にあります。これは基礎科学や物理分野に限らない、日本の科学研究全体が抱えている課題だと思います。そうした課題についても研究者の側から社会に問題提起として発信してほしいと思います。

そのためには、社会からの反作用をどのように得るのかということをもっと考えてほしいと思います。研究者は、自分たちの研究を社会に伝えることに、これまで以上にエネルギーを割かなければならないと思います。

高校のとき、数学で「AならばB」が成り立つとき、「BでないならAでない」も成り立つと習いました。これを、最初に紹介した「作用あれば反作用あり」の言葉に当てはめると、「反作用なければ作用なし」となります。まずは「反作用」、つまり社会が、科学や研究者をどのように見ているかを知ることが重要なのです。

Q＆A

質問　アメリカでは、財を成した人が寄付などの形で大学などに資金を提供し、知識人たちは一般の人たちに情報を共有することで、次の研究資金の獲得につながるというシステムができていると思います。日本には、まだそういうシステムがありません。それで、マスメディアで知識人と一般の人をどういう形でつなげていけるのかについて、ご意見を伺いたいです。

中村　私は学生の頃に、研究者と社会をつなげる役割が大切だと考えたことが、この仕事に就こうとしたきっかけの一つです。しかし、現状、実現できているかといえば、たいへん難しいです。研究者の発表をそのまま伝えるのではなく、「研究のどの点が社会にとって重要なのか」、さらには「もしかしたら発表の内容に間違いがあるかもしれない」というくらいの視点で研究をしっかりと社会に伝えることができれば、研究者と一般の人たちの橋渡しはできるのではないかと思います。日本ではそうした役割が一層求められる存在になってくると思います。私も定年までには、もう少しこのような活動に取り組みたいと思っています。

質問　私の感覚では、科学者たちは、一般の人に対してわかりやすく説明する機会を提供していると思います。しかし、一般の人々はそれをあまりキャッチできていないのではないかというもどかしさを感じています。科学者たちは、一生懸命やってくださっている感覚はあるのですが、なぜ、こういうアクションになってしまうのでしょうか。

中村　「一般の人」とひとまとまりにしてしまいますが、一般の人といってもいろいろな人がいます。それぞれ自分の関心のあることはよく理解していますが、それ以外のことにはあまり関心をもたないということは誰にでもあると思います。すべての人に「関心をもってください」といっても、なかなか無理なお願いです。多くの人に関心をもってもらうために、即効性のある対策はないと思います。これまで話したように、うまくいかなかったことなども含めて説明するような地道な努力を積み重ねて、一歩一歩研究者から社会に近づき、興味や理解をもってもらうようにしないと解決できないと思います。

質問　お話を伺っていて、サイエンスコミュニケーターはこれからものすごく必要な職業だと思います。そのような仕事に就きたい若者をたくさん知っているのですが、食べていけないから才能があるのにあきらめていきます。私はもったいないと思うのですが、やはり志望している子たちが先陣を切って道を開いていかないとサイエンスコミュニケーターは職業として成り立たないのでしょうか。それとも、社会が枠をつくるなりすることで、問題を解決していく必要があるのでしょうか。

中村　サイエンスコミュニケーションは、科学者自身にとっても必要です。ただ、そうしたことを専門にしている人は少ないというのが現状です。ですから、サイエンスコミュニケーターを志している人は、まずはパイオニアとして道を切り開くことが求められると思います。そして、そのような人たちが活躍する場が広がるかどうかは、大学や研究施設などが、コミュニケーターの必要性をどこまで考えるかによる部分も大きいと思います。一部の大学では、コミュニケーターの教育を実施していますが、そうした取り組みも合わせて必要ではないかと思います。

質問　目標が達成されなかったときも含めて、国民に対し積極的に情報を公開したらよいという提言でしたが、このようなことを公開して国民に理解されるかどうかという点について、マスコミの立場からどのようにお考えでしょうか。たとえば、高エネルギー加速器研究機構（当時の高エネルギー物理学研究所）では、トップクォークを探すために、加速器をつくりトリスタン実験を行いました。しかし、このときトップクォークは見つかりませんでした。その後、同じ加速器をベル（Belle）実験に転用し、CP対称性の破れを実際に観測し、小林誠博士、益川敏英博士の2008年のノーベル物理学賞に貢献できたと考えています。トリスタン実験に失敗しても、ベル実験に挑戦することができたのは、ここまでのことが達成できたのなら、ベル実験はできるのではないかという国の理解があったからです。すべてのことを正直にいって、国民の理解が得られるだけのベースがこの国にあるのか心配しています。

中村　そのことを、まずは研究者の側から発信したらよいのではないかと私は思っています。理想論かもしれませんが、研究者が、どのような失敗をし、それを乗り越え、どのような目標に向かって努力しているかということを、多くの国民に理解してもらうためのベースづくりを研究者側から積極的に始めることが必要ではないでしょうか。

質問　研究者と社会との関係をよりよくするためには、何をしたらよいとお考えでしょうか。

中村　子どもたちが、今の研究者を見て、「科学はおもしろそうだな」と思えるような環境を提供できるようになればと思います。今回、私は、イグノーベル賞とノーベル賞の両方を受賞したアンドレ・ガイム氏の話をしました。その取材を通して、ガイム氏自身が、とても楽しんで研究をしていると感じました。研究のためのお金や時間などを確保するにはどうしたらよいだろうと悩むことも多いと思いますが、研究者が研究に没頭できる環境をつくれれば、子どもたちにも「あの研究者は楽しそうに研究しているな」と伝わるのではないかと思います。時間が経って、そうした子どもたちが大きくなっていけば、科学の重要性の理解も育まれると思います。これは、長い年月を必要とする取り組みになるかもしれませんが、中長期的な視点にも立って考えてほしいと思います。

5章

おわりに——基礎科学研究の持続的発展にむけて

梶田隆章

この本は、さまざまな立場で基礎科学研究に取り組んでいる方々だけでなく、基礎科学研究を外側から見守る科学史研究者、メディアの方からのお話がまとめられています。これらのお話を通して、基礎科学に取り組んでいる研究者の想いは、多くの皆さまにもご理解いただけたかと思います。それを踏まえて、日本における基礎科学研究の現状を、私なりにまとめてみます。

ご存知の方も多いかと思いますが、２０１７年3月23日、nature INDEXというデータベースサイトに、「The slow decline of Japanese research in 5 charts（五つのグラフで示される日本の科学研究の緩やかな衰退）」という記事が掲載されました（https://www.natureindex.com/news-blog/the-slow-decline-of-japanese-research-in-five-charts）。この記事は、日本の科学研究が衰退していることを、論文数の変化などから示しています。

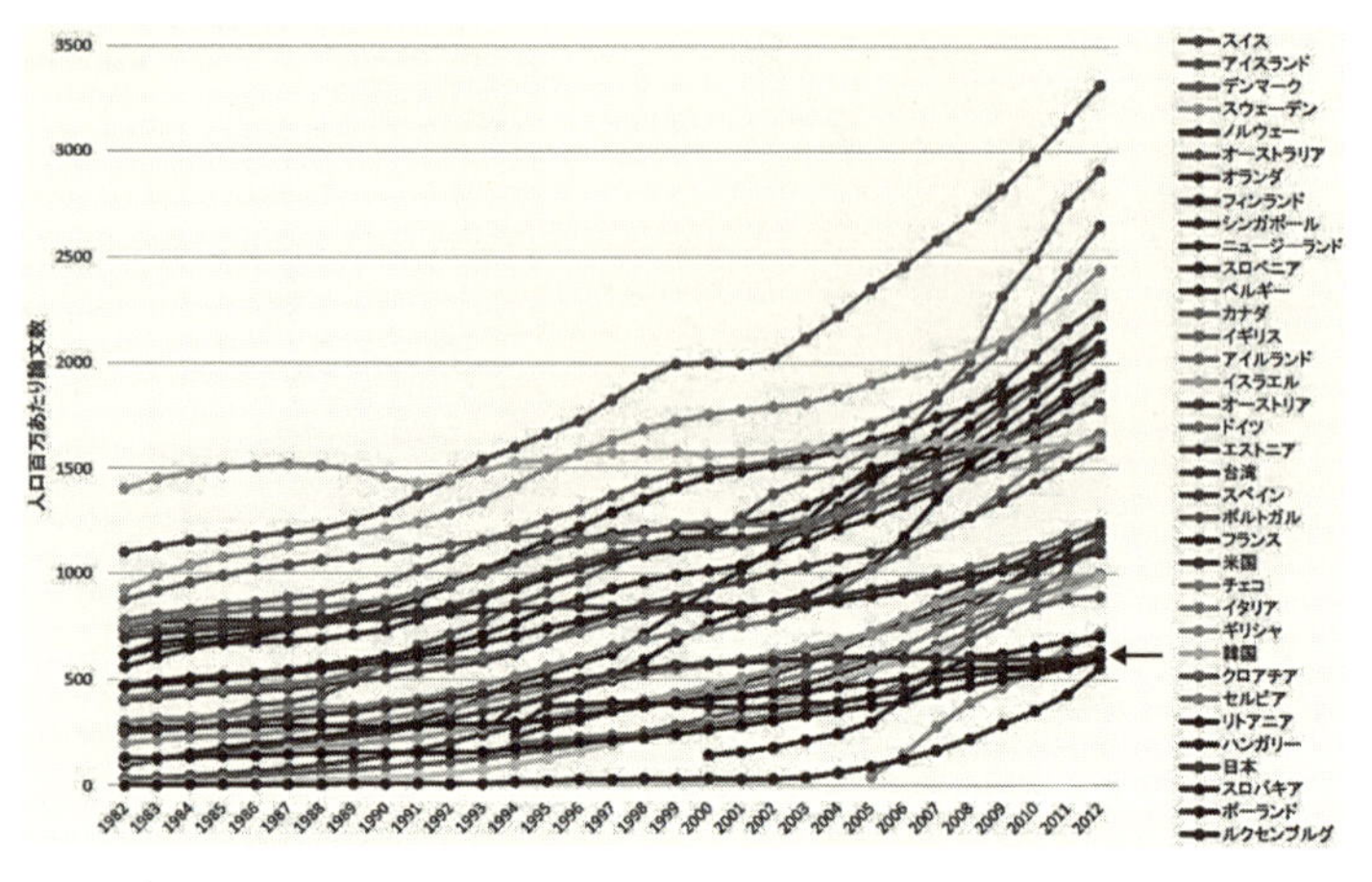

図1　各国人口100万人あたりの論文数の推移（https://blog.goo.ne.jp/toyodang より）。人口あたり論文数は停滞し、先進国で最も少ない（←が日本）。

日本の研究力の低下という話題では、日本の論文総数が、かつては2位だったけれど、現在は4位になったということや、トップ10パーセントの論文数*注が4位から9位になったということなどが、よく取り上げられます。しかし、なぜ、論文数が少なくなってきたのかを深く調べてみると、日本の基礎科学研究の現場が、より深刻な状況になっていることが浮かび上がってきます。

図1は、鈴鹿医療科学大学の豊田長康学長がまとめた資料で、それぞれの国で人口１００万人あたりの論文数の推移を示したものです。このグラフでは、２０１２年までのデータしかありませんが、人口１００万人あたりでの論文生産数では、すでに日本はここで取り上げられた国の中で世界で最下位に近い状態になっているのです。

『Nature（ネイチャー）』は「政府主導の新たな取り組みによって、この低下傾向を逆転させるこ

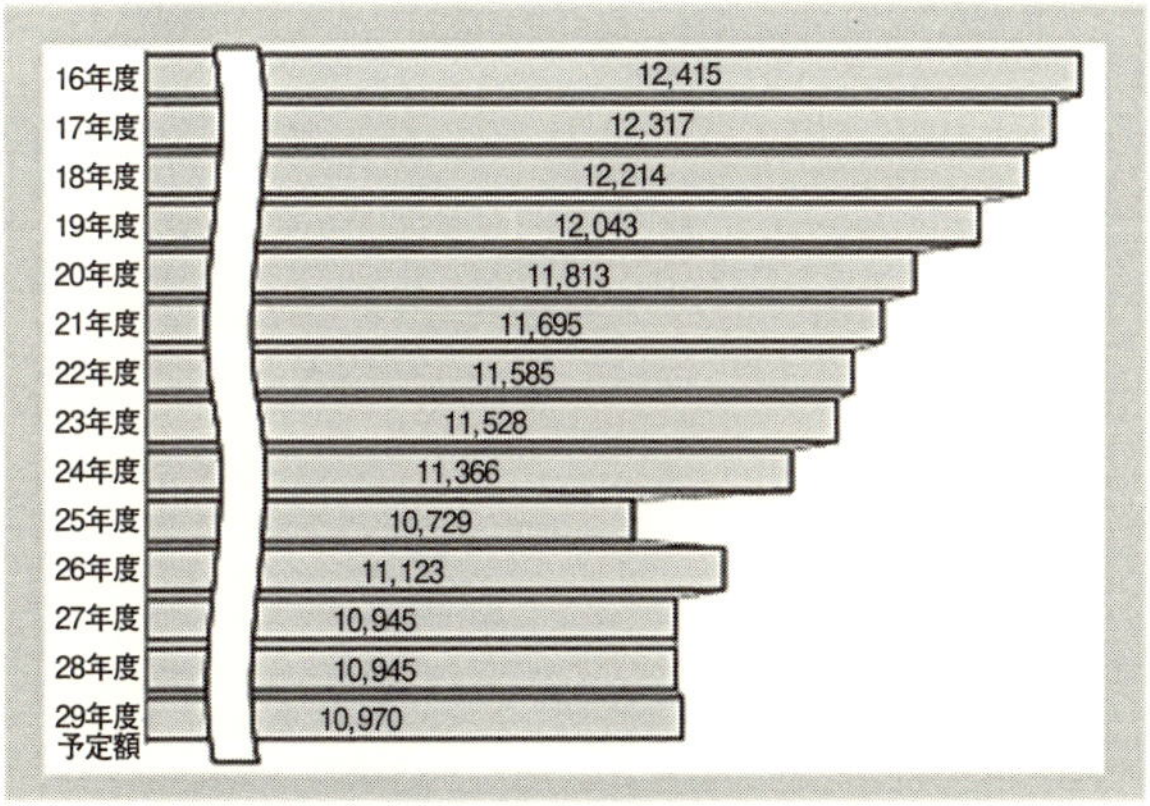

とができなければ、科学の世界におけるエリートとしての座を追われる」と指摘しています。そして、それが現実のものとなる可能性はきわめて高くなっています。

それでは、なぜ、日本の基礎科学研究はうまくいっていないのでしょうか。その一番の原因は、国立大学への運営費交付金の削減です。これに加え、科学研究費補助金（科研費）の伸び悩みもありますが、根本的な原因は、運営費交付金の削減にあります。図2のグラフと見ると、国立大学法人の運営費交付金は、近年は削減が止まっているものの、平成16年（２００４年）度から平成29年（２０１７年）度までの14年間に、１４００億円以上減っています。

年度	運営費交付金
16年度	12,415
17年度	12,317
18年度	12,214
19年度	12,043
20年度	11,813
21年度	11,695
22年度	11,585
23年度	11,528
24年度	11,366
25年度	10,729
26年度	11,123
27年度	10,945
28年度	10,945
29年度予定額	10,970

※平成 29 年度予定額には、国立大学法人機能強化促進費（45 億円）を含む。
（単位：億円）

図2　国立大学法人運営費交付金の推移（文部科学省作成：http://www.mext.go.jp/b_menu/hakusho/html/hpaa201701/detail/1388434.htm より引用）

＊注　国の科学研究力を比較するときに用いられる指標の一つ。正式には、トップ10パーセント補正論文数とよばれ、科学研究力を質的な観点から比較する指標として知られている。論文の被引用数が各分野の上位10パーセントに入る論文を抽出し、その後で、実数で総論分数の10分の1となるように補正を加え、算出している。

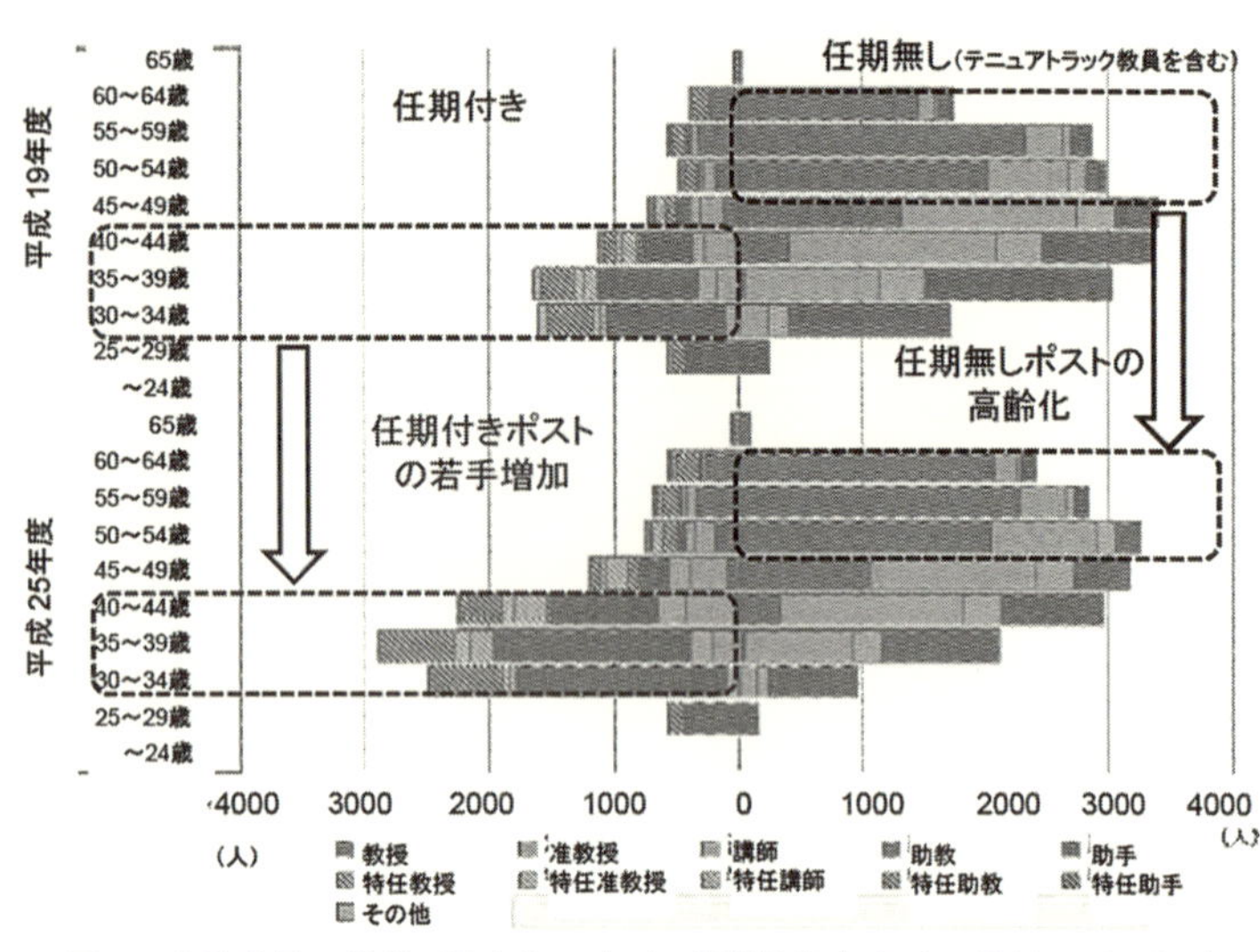

図3　大学職員の推移（「平成30年度 科学技術白書 概要版」より引用）

これにより、大学教員の研究時間の減少、大学での若手ポストの減少が発生しました。さらに、日本国の財務状況が悪化していることも手伝って、日本中にコストカットや無駄を省くことを是とする雰囲気が蔓延しました。この雰囲気は、大学にも影響を及ぼすようになり、大学全体に余裕のない、あるいは余裕を許さないしくみが組み込まれることになったのではないでしょうか。

さらに、図3を見ると、平成19年（２００７年）度から平成25年（２０１３年）度までのあいだで、大学では任期付きの若手教員の数が急激に増えているのがわかります。つまり、たった6年間で30～40代前半の大学教員のほぼ半数が、任期なしの安定したポストに就けていないという過酷な状況となっているのです。

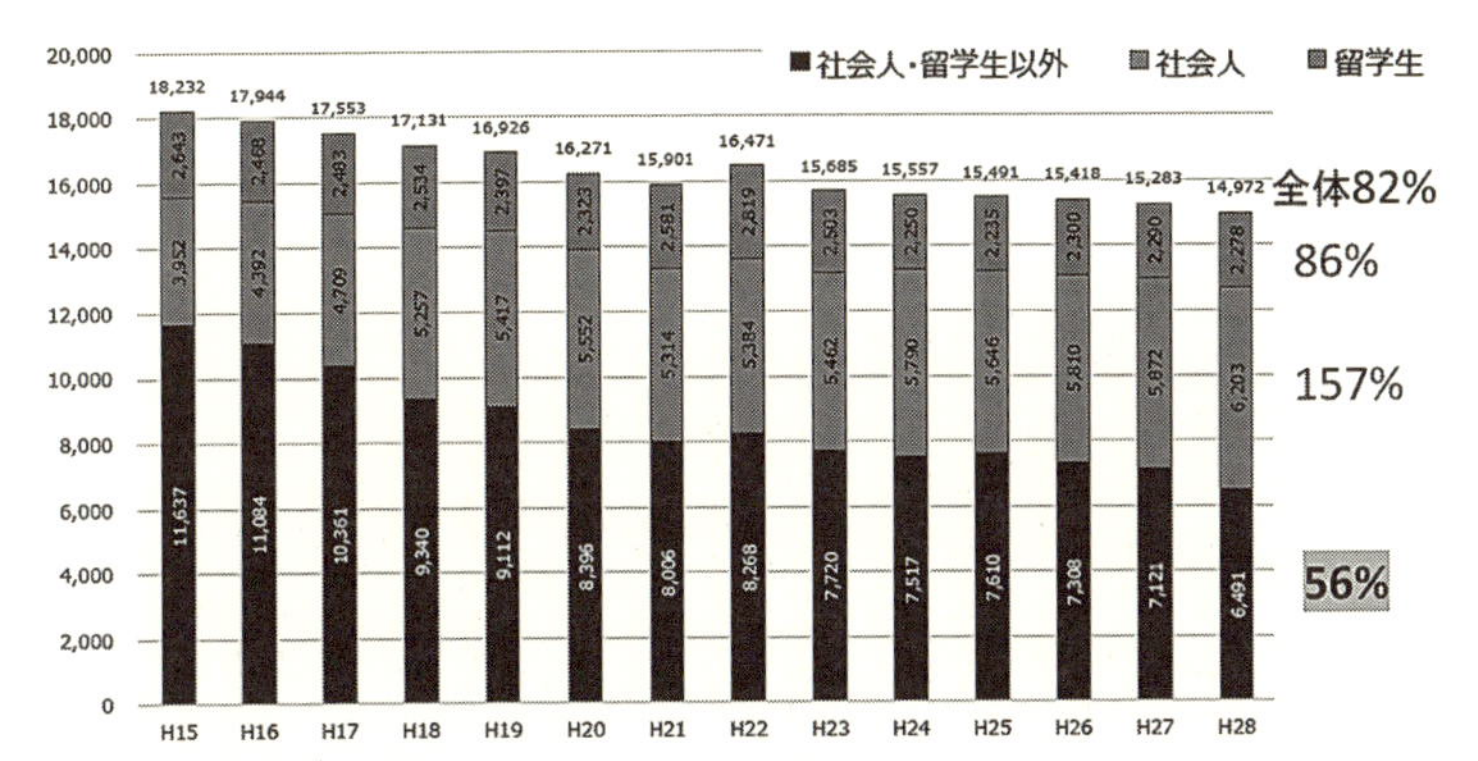

図4　大学院博士課程進学率の推移（京都大学経済研究所シンポジウム「日本の研究力のゆくえ」（2018年8月25日）における文部科学省研究振興局プレゼン資料中の参考資料より（学校基本統計を基に文部科学省作成））

このような状況では研究者の生活は安定せず、人生設計もできません。つまり、現在は、若者が科学を目指すことが困難な時代になっています。図4は、平成15年（２００３年）から平成28年（２０１６年）までの大学院博士課程進学率の推移をまとめたものです。平成15年から平成28年までのあいだ、博士課程の進学率は少しずつ減少しています。平成28年の進学率は全体では平成15年の82パーセント程度と、あまり減っていないようにも思えます。

しかし、このグラフのポイントは社会人・留学生以外の学生の変化です。このカテゴリーの人たちは、大学院修士課程を卒業し、そのまま大学院博士課程にまで進学した人たちです。その人数が、この十数年のあいだにほぼ半減してしまったのです。これは、私から見れば、とんでもない状態です。

この現状から、どうすれば日本の基礎科学の研究環境を回復し、将来の発展につなげることができるので

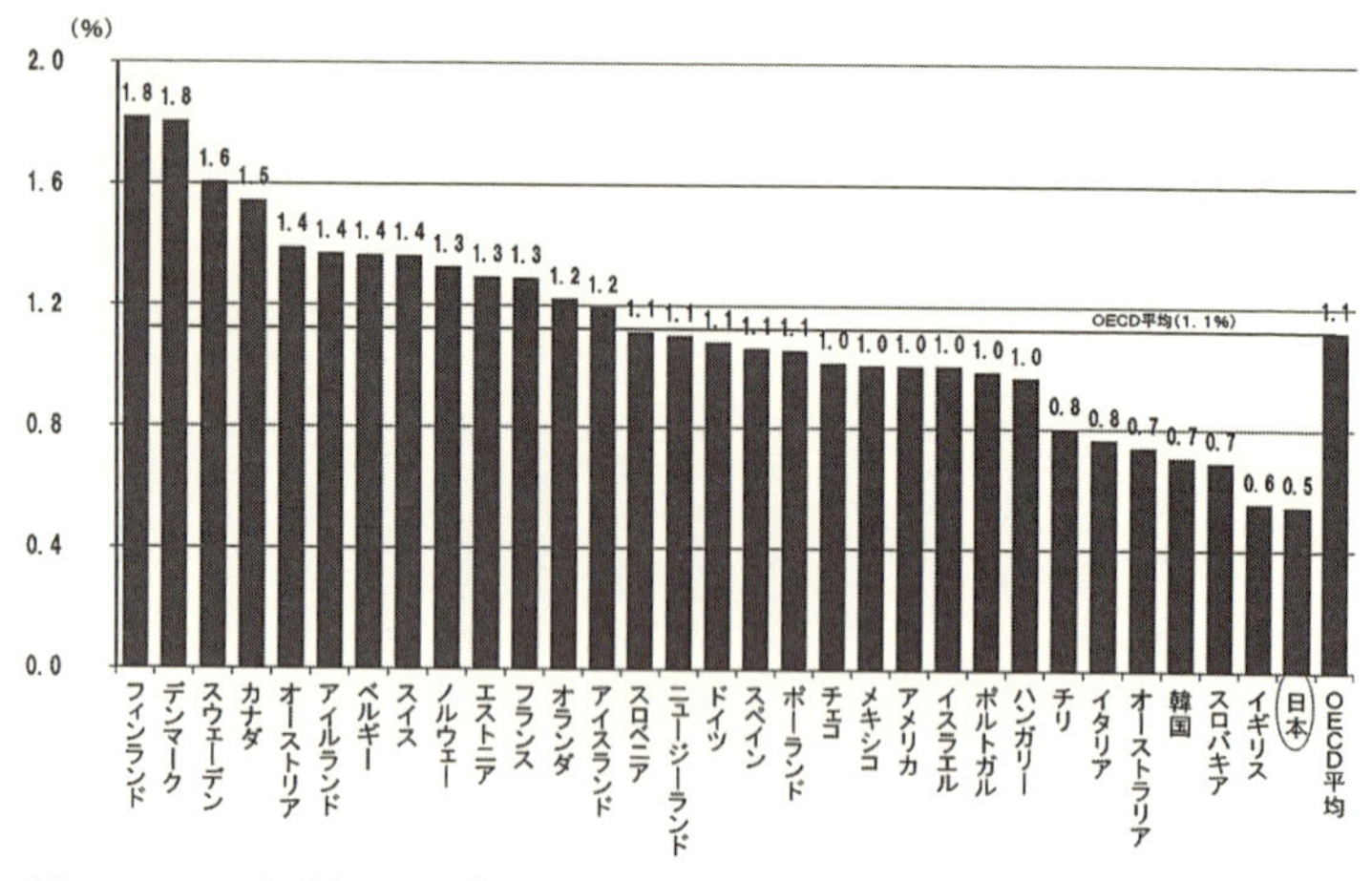

図５　OECD 加盟国の高等教育への公財政支出（対 GDP，2012）（「これからの大学教育等の在り方について」（第三次提言参考資料）教育再生実行会議（平成 25 年）より引用）

しょうか。図５は２０１２年におけるＯＥＣＤ加盟国の高等教育への公財政支出を比較したグラフです。図５を見ると、日本の高等教育への公的な資金の投入額は、ＯＥＣＤ加盟国の中で最下位です。

大学改革の流れの中では、国立大学法人の運営費交付金などを減らしても、大学間や研究者間での競争を促すことで、効率的な研究が行われ、研究力が上がるのではないかという思惑があったようです。営利企業であれば、競争があれば効率化されて利益などにつながることもあるので、一般の人たちからすれば、感覚的には、競争によって研究力が上がるという主張も正しいことのように聞こえるでしょう。

それでは、図６を見てください。これは、日本から発信されたトップ10パーセントの論文の数がどのように推移してきたのかをまとめたグ

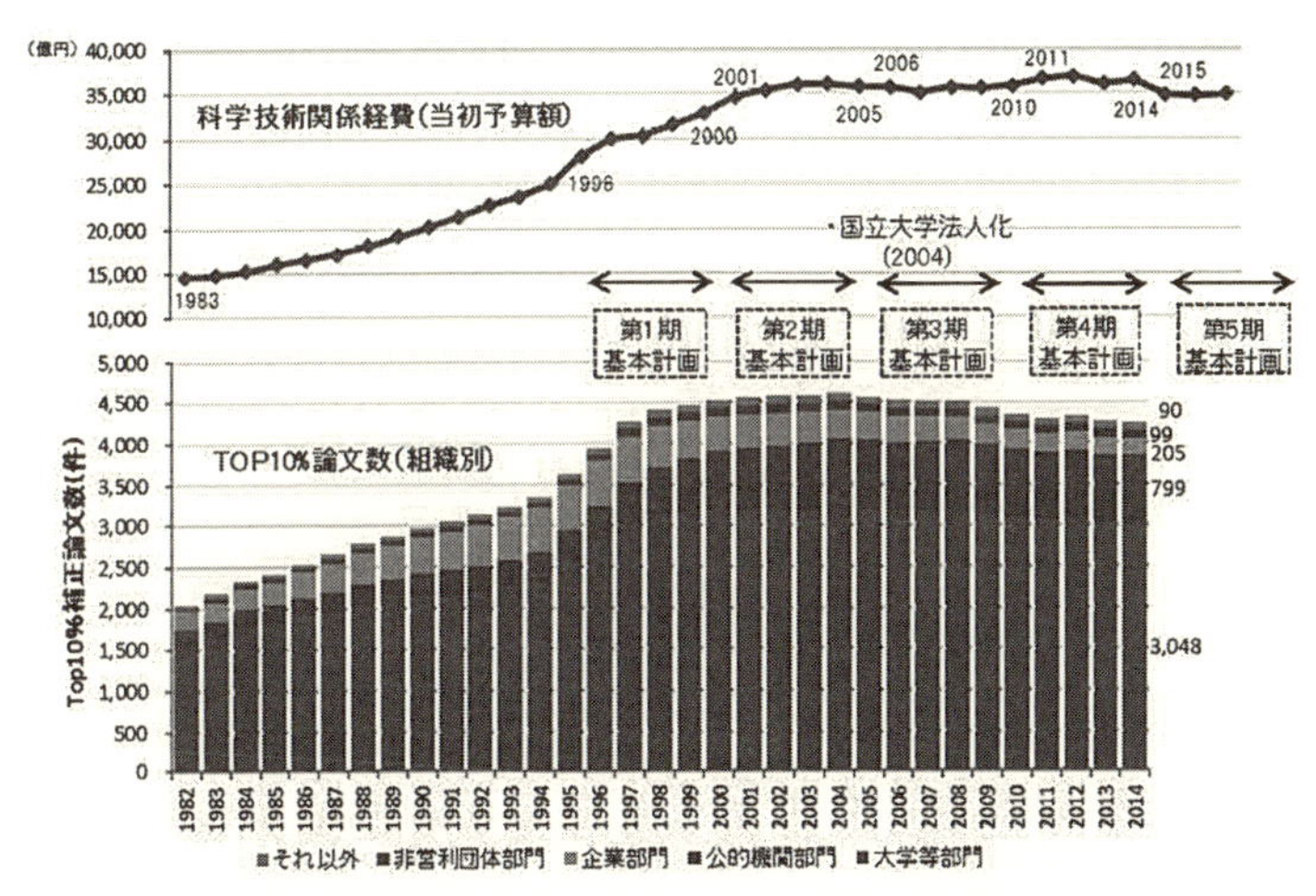

図 6　日本から発信されたトップ 10 パーセント論文数の推移（京都大学経済研究所シンポジウム「日本の研究力のゆくえ」（2018 年 8 月 25 日）における文部科学省研究振興局プレゼン資料（NISTEP 調査資料-261「科学技術指標 2017」及び NISTEP 調査資料-262「科学研究のベンチマーキング 2017」を基に文部科学省作成））

ラフです。１９８０年代から90年代前半にかけては、日本から世界のトップ10パーセントに入った論文の数は増え続けました。しかし、90年代後半から、この伸びが緩やかになってきて、近年になると若干、減少傾向にあります。

ちなみに、このグラフをよく見てみると、トップ10パーセントに入る質の高い論文の多くは、大学や公的研究機関でつくられていることがわかります。

実は、１９９０年代半ばに、日本の科学研究の環境が大きく変わる出来事が起こっています。１９９５年に科学技術基本法が成立し、翌96年から５年ごとに科学技術基本計画が策定されるようになりました。この頃から、日本の科学研究が変化したように思います。国としては、個人の好奇心に任せるだけでなく、制度化による研究の選択と集中を進めることで、質の高い研究成果が効率よく生産できると考えたのでしょう。

しかし、実際にトップ10パーセントの論文数の推移を見ると、科学技術基本計画の策定によって、質の高い論文は増えていないことがわかります。一方、科学技術関係予算と論文数を比べてみると、予算額の増減と論文数の増減はとてもよく相関しています。日本国は、研究費を減らしても、競争すれば研究力が上がるだろうという予測に基づいて、壮大な実験を行いましたが、図6のグラフを見る限りでは、この実験は失敗に終わったと、個人的には思います。

世界の他の国々の状況を見ると、物理学のような基礎科学研究は、基本的に国の予算で支えられています。納税者の皆さまには申し訳ないですが、日本国でも、日本国の予算で基礎科学研究を進めさせていただきたいと考えています。もちろん、研究を担う研究者たちは、他の方法で研究資金を獲得する努力も進めています。

しかし、現実には、税金以外で基礎科学の研究資金を獲得する方法は限られていますし、資金の規模は小さくなります。このような状況を多くの人たちに理解し、納得していただくためにも、基礎科学研究の意義や大切さを、広く社会に発信することが、これまで以上に重要な時代になってきたと感じています。

では、どうやって社会に発信し、多くの人たちとつながりをもてばよいのでしょうか。２０１７

年にノーベル医学・生理学賞を受賞した大隅良典は、「音楽や絵画などの芸術は、直接経済的なリターンはありませんが、多くの国民の皆さんに愛されているように思います。つまり芸術は文化として経済活動と切り離したものとして認識されています。これと同じように、科学も文化として認識してもらうように努力する必要があるのではないでしょうか」と発言しています。

この発言に、私もおおいに賛同しますが、研究者は情報発信などのアウトリーチ活動には素人同然で、手探りで進めていくこともあるでしょう。このシンポジウム[*注]の議論から出発して、社会とのつながりを強めていければよいと思います。

私たち科学者は、世界の仲間とともに人類の知の地平線を広げるような仕事をしたいと思います。研究には競争という側面もありますが、協力がより重要と思います。それらの仕事を通して、日本を世界から尊敬されるような国にしたいと願っています。このような研究活動には費用が必要です。現在のような厳しい国家財政の中で、研究を続けていくには社会の皆さまのご理解は不可欠です。私たちは社会の皆さまと、しっかりとつながっていく必要がありますが、これについては、正解はないと思います。基礎科学が文化として認められる世の中であってほしいと願うと同時に、この願いを社会の人たちに伝えるために、基礎科学に携わる私たちは、さまざまな活動をしていく必要があります。

---

*注　本書は2018年12月17日に開催された公開シンポジウム「基礎科学研究の意義と社会―物理分野から」（日本学術会議物理学委員会主催）をもとに書籍化されました。

執筆者一覧

田村裕和　東北大学大学院理学研究科 教授
村山　斉　東京大学カブリ数物連携宇宙研究機構 主任研究者
櫻井博儀　東京大学大学院理学系研究科 教授／理化学研究所
　　　　　仁科加速器科学研究センター 副センター長
常田佐久　国立天文台 台長
前野悦輝　京都大学大学院理学研究科 教授
岡本拓司　東京大学大学院総合文化研究科 教授
中村幸司　ＮＨＫ 解説委員
梶田隆章　東京大学宇宙線研究所 所長・教授
（執筆順、所属・役職は２０１９年11月現在）

［編集協力：荒船良孝（株式会社アラフネ計画）］

基礎科学で未来をつくる
科学的意義と社会的意義

令和元年 12 月 20 日　発　行

著作者　田村裕和・村山　斉・櫻井博儀
常田佐久・前野悦輝・岡本拓司
中村幸司・梶田隆章

発行者　池　田　和　博

発行所　丸善出版株式会社
〒101-0051 東京都千代田区神田神保町二丁目17番
編 集：電話(03)3512-3265／FAX(03)3512-3272
営 業：電話(03)3512-3256／FAX(03)3512-3270
https://www.maruzen-publishing.co.jp

装丁・桂川　潤
組版印刷・中央印刷株式会社／製本・株式会社 松岳社

ISBN 978-4-621-30443-3　C 3042　Printed in Japan